Ratgeber

Zierfische richtig füttern

Dr. Stephan Dreyer

Herstellung und Gestaltung: Marcus Degen
Bildnachweis: Alle Bilder Dr. Stephan Dreyer, außer wenn anders aufgeführt

ISBN 3-927 997-46-3

INHALT

VORWORT

„Viel wissen wir nicht ..., aber stellen wir es dar."
Fressen und gefressen werden - ein Motto, das all das beinhaltet, was den Motor tierlichen und menschlichen Lebens in Gang hält, ist hier - bezogen auf die Zierfische - der Gegenstand dieses Buches.
Der Titel „Zierfische richtig füttern" beschreibt zusammen mit den nachgeschalteten Vorgängen der Verdauung, der Umsetzung im Sinne von Verwertung und der Ausscheidung von unbrauchbaren oder voll ausgenutzten Nahrungsbestandteilen allgegenwärtige und äußerst vielfältige Prozesse in unserer Umwelt. Zwischen den als Basis allen Lebens dienenden Auswirkungen der Pflanzenernährung in Form des Aufbaus organischer Substanz und den durch Mikroorganismen getätigten Abbauleistungen steht die Tierernährung. Als Teilgebiete angewandter Biologie bzw. als landwirtschaftliche Fachdisziplinen behandeln Futtermittelkunde und Tierernährung diverse Themen von zentraler Bedeutung für Einzelindividuen, Organismengruppen und ihre ökologische Verflechtung. Ernährung dient dem Gewinnen von Energie und dem möglichst günstigen Erreichen aller lebensnotwendiger Nähr- und Wirkstoffe. „Fressen" und „gefressen werden" sind also ganz normal - und unabdingbar - im Alltag der Natur. Wieso sollte dies bei Fischen anders sein? Gerade deshalb ist zu fragen, warum alle Daten und Fakten rund um die Tierernährung in Aquarium und Gartenteich in entsprechenden Fachbüchern eher stiefmütterlich behandelt werden.
Zum einen schreckte vielleicht die artenmäßige Vielfalt der zu betrachtenden fischigen Zielorganismen potentielle Betrachter ab. Zum anderen darf nicht verhehlt werden, daß wir auch nach mehr als 100 Jahren Aquaristik nur über sehr, sehr wenig Detailwissen zu Bedarfswerten, Inhaltsstoffen, Umsetzungen und ähnlichen interessanten sowie praxisrelevanten Faktoren der Fischernährung verfügen. Lediglich bei Nutzfischen - Tieren also, die unserer Ernährung dienen - sieht dies etwas anders aus und manches kann man für Zierfische davon ableiten.
Nun, nach reiflicher Überlegung, mancher Diskussion mit aquaristisch beschlagenen Kolleginnen und Kollegen und unter Einbezug großzügigen Verständnisses des Verlegers war die Idee mit „Mut zur Lücke" geboren, zumindest das bisher Bekannte zur Zierfischfütterung und -ernährung zusammenzutragen. Dies einem breiten Kreis von Aquarianern, Gartenteichbesitzern und dem Zoofachhandel echt zugänglich zu machen, ist zweifelsohne in der vorliegenden Form ein Versuch. Daß er gelingen möge, hoffen Verlag und Autor gleichermaßen.
Die Ziele des Ratgebers sind nämlich - unabhängig von der Fischart oder -gruppe - ganz allgemein die folgenden:
Das Buch soll komprimiertes Wissen zur speziellen Futtermittelkunde und zur Ernährung von Aquarien- und Gartenteichbewohnern vermitteln; es soll lehren helfen, Fische artgemäß und tiergerecht zu ernähren, sie wirklich vielseitig und abwechslungsreich zu verköstigen. Neben diesen Ideen mit Anleitung zur Verwirklichung kann das Werk dem Fischbesitzer auch näher bringen, wie man Fertigfutter in allen Variationen und jeglicher Form kritisch kaufen und gezielt, bewußt im o.g. Sinne, einsetzt. Dank der von der Heimtierindustrie verursachten Informationswelle besteht sicher auch Bedarf nach Hilfe zum Verstehen und Interpretieren von Verpackungsbeschriftungen und Werbe- bzw. Informationsmaterial einschlägiger Hersteller.
Nicht zuletzt möchte der Ratgeber Hobbyisten und wissenschaftliche Profis zu weiteren, intensiven Forschungen grundlegender und angewandter Art auf diesem Gebiet anregen.
Mein Dank gilt neben dem Verlag kurz all den - meist durchweg lieben - Menschen, die indirekt in irgendeiner Form mit der Entstehung dieses Buches zu tun hatten oder direkt daran mitgewirkt haben.
Für konstruktive Kritik und weitere Anregungen insbesondere von Praktikerseite wären Herr Degen als mutiger Verleger und der Unterzeichner als „frecher Lückenbüßer" gleichermaßen dankbar.

Böhl-Iggelheim, im März 1995
Dr. Stephan Dreyer

Aufbau und Funktionen

Körperliche Grundlagen der Zierfischernährung

Allgemeine Fischmerkmale

Wenn ich auch nicht meine, daß jeder ernsthafte Aquarianer auch die wissenschaftliche Fischkunde, die Ichthyologie, aus dem "effeff" beherrschen sollte, glaube ich doch, daß einige Grundkenntisse der Fischbiologie nicht schaden können. Sie helfen in jedem Fall, die Wasserbewohner besser zu "verstehen" und der direkte Zusammenhang mit der Fisch-Umwelt, besonders den Aspekten Wasser und Ernährung, wird nach der Lektüre dieses Kapitels bestimmt klarer. Auf "fischige" Besonderheiten innerhalb des Tierreiches ist nachfolgend besonders einzugehen, denn die sind für die aquaristische Praxis naturgemäß sehr wichtig.

Einführend sollten wir deshalb zunächst betrachten, was Fische als unterste Gruppe der Wirbeltiere als typisch kennzeichnet. Mit Amphibien (Lurchen), Reptilien (Kriechtieren), Vögeln und Säugern einschließlich des Menschen haben sie eine Wirbelsäule als stützendes Hauptelement gemeinsam. Daran sind alle übrigen Skelett-Teile aufgehängt, die wiederum alle Gelenke bilden und Muskeln, Sehnen sowie Bänder tragen.

Fische sind entwicklungsgeschichtlich die älteste Gruppe der Wirbeltiere. Zugleich sind sie die häufigsten Wirbeltiere und zwar hinsichtlich der Artenzahl (sicher 21.000 Arten, eher deutlich mehr; Schätzungen bis 30.000) und des oft massenhaften Vorkommens von Individuen einer Art. Die etwa 300 für den Handel wichtigen Arten gehören zu den echten Knochenfischen. Dies ist die größte Fischgruppe, die auch als am besten erforscht gilt und allein 5.000 - 8.000 Arten davon sind zumindest zeitweilige Süßwasserfische.

Die wissenschaftliche Benennung (Nomenklatur) und die Stellung der Gruppen und Arten ist ständig noch in Bewegung. Ohne Rücksicht und Anspruch auf derzeit stimmige oder aktuell diskutierte Namensänderungen und/oder Umgruppierungen habe ich dem Leser zuliebe hinsichtlich der Anordnung und Aufzählung der Wasserbewohner bewußt einmal auf absolute "Wissenschaftlichkeit" verzichtet. Die folgenden Kapitel sollen und wollen daher keine systematisch perfekten Ordnungslisten beinhalten, sondern aquaristisch bedeutende Futtertiere und ihre Verwerter in praxisgerechter und anschaulicher Form aufzeigen. Daß dabei zuweilen einige Grundregeln der (Fisch-) Systematiker durchbrochen werden, wird billigend in Kauf genommen.

Fische können keine - oder nur in sehr beschränktem Umfang - eigene Körperwärme erzeugen. Wie Amphibien und Reptilien sind sie entsprechend ihrer Umgebung temperiert, d. h. wechselwarm. Dabei hat jede Fischart einen recht engen Temperaturbereich, innerhalb dessen sich die Tiere wohlfühlen, einen (oft etwas nach oben) davon meist abweichenden Temperaturbereich der Fortpflanzung sowie den weiter gespannten Rahmen der Toleranz, d.h. der Temperaturgrenzen, innerhalb derer gerade noch ein Überleben möglich ist. Bezüglich der Ernährung ist ausschließlich der oft recht enge Optimal-Temperaturbereich maßgebend, da alle Funktionen der Verdauung exakt darauf abgestimmt sind.

Ferner haben alle Fische anstelle von Gliedmaßen mehr oder weniger deutlich sichtbare Flossen entwickelt. Als Atemorgane sind zeitlebens Kiemen ausgebildet, die bei manchen Gruppen durch spezielle zusätzliche Atem-Einrichtungen ergänzt werden. Ihre Aufgabe ist die Übernahme von in Wasser gelöstem Sauerstoff und die Abgabe an das Fischblut zur Verwendung im Körperinneren. Perfekt angepaßt an permanentes oder doch überwiegendes Wasserleben können Fische ihren Körper in der flüssigen Umwelt schwimmend oder ausbalancierend fortbewegen. Schuppen und Schwimmblasen haben bei weitem nicht alle Fischvertreter, von daher taugen diese Merkmale nicht zur Beschreibung von Gemeinsamkeiten. Prinzipiell sind Schwimmblasen unter Wirbeltieren jedoch nur bei Fischen zu finden. Was also ist ein Fisch? Nun, treffen wir ein ausgewachsenes Tier, das gleichzeitig über alle die Merkmale "wechselwarm mit Wirbelsäule, Wasserbewohner, Kiemen tragend und Flossen zur prinzipiellen Schwimmfähigkeit" verfügt, können wir mit Sicherheit davon ausgehen, einen Fisch vor uns zu haben. Daß das so eingeordnete Tier erwachsen sein muß, ist deshalb wichtig, weil Larven (also noch nicht ausgewachsene Jugendstadien) der nächsten Fischverwandtschaft, der Lurche oder Amphibien, die gleichen Fischmerkmale tragen und erst in der Umwandlung zum "Fertiglurch" ablegen. Vielleicht interessiert in diesem Zusammenhang, daß alle Embryonen aller Wirbeltiergruppen, also auch ungeborene Menschenbabies im Mutterleib, im Laufe ihrer Entwicklung zur Geburts- oder Schlupfreife ein sehr fischähnlich aussehendes Embryonalstadium durchmachen. Ausgehend davon bilden sich die für jede Gruppe typischen Merkmale im Ei oder im Mutterleib erst anschließend an diese "Fischphase" heraus. Fische haben parallel zu ihrer Arten- auch eine erhebliche Formenvielfalt entwickelt. Zu jedem Grundtyp findet man auch Vertreter in Aquarien oder Gartenteichen. Da sind zunächst als Kennzeichen schneller und ausdauernder Schwimmer die Spindel- oder Torpedoform, die uns zumeist als die "klassische" Fischform anmutet. Mit Pfeil-, Schlangen- oder gar Nadelform findet dieser Grundtyp seine schlankeren, gestreckten Abwandlungen, die mit einer Veränderung des Körper-Querschnittes einhergehen. Aufrechte oder liegende Blattform sind Änderungen zum anderen Extrem, von "Sonderformen" wie Kugel- oder Koffer-Gestalt oder gar dem Seepferdchen ganz zu schweigen. Übergangs- und Mischformen komplettieren die Vielfalt, die aus Anpassung an die unterschiedlichsten Lebensräume im Wasser entstanden ist. Die Körperumrisse werden zusätzlich noch von den Flossenformen bestimmt, die gleichfalls in mannigfaltiger Ausprägung das Fischvolk kleiden. Flossen sind Hautflächen, die als Körperanhänge von Hart- oder Weichstrahlen gestützt, auf- oder zusammengefaltet und über Muskelstränge bewegt werden können. Die Innenelemente der Flossen heißen auch Stachel- oder Gliederstrahlen. Man unterscheidet paarige (weil stets doppelt auftretend) und unpaare, jeweils nur

Diese ausgenommene Regenbogenforelle zeigt Rotfleischigkeit durch natürliche Carotinoide aus Flohkrebsen

einmal am Fischkörper vorhandene Flossen. Die typische Fisch-Flossenzahl ist 7: Je ein Paar Brust- und Bauchflossen beidseits des Fischkörpers und letztere in Lage und Stellung recht variabel, sowie die unpaarigen Hautgebilde Rücken-, After- und Schwanzflosse. Die Rückenflosse kann dann noch in Abschnitte untergliedert sein, was den Eindruck mehrerer Rückenflossen pro Tier vermitteln mag. Bauchflossen können auch völlig zurückgebildet sein oder zu Haftorganen verwachsen, aber ursprünglich waren sie als Paar vorhanden. Auch hinsichtlich der unpaaren Flossen kommen - natur- oder zuchtbedingt -doch erhebliche Abweichungen von diesem Grundschema vor. Da uns dies künftig noch öfter passieren würde und dies kein Anatomie-Lehrbuch ist, will ich mich zunächst lediglich auf häufige Grundgegebenheiten zurückziehen, die bei mehreren Arten oder gar ganzen Knochenfisch-Gruppen auftreten. Dies gilt z.B. für eine kleine Flosse ohne stützende Strahlen, die zwischen Rücken- und Schwanzflosse gelegen ist und Fettflosse heißt. Lachsartige, die meisten Salmler und viele andere Fische tragen sie als besonderes Kennzeichen. Ihre Funktion ist ungeklärt, im Gegensatz zu allen anderen Flossen hat sie mit der Bewegung des Fischkörpers nichts zu tun.

So "funktioniert" ein Fisch

Die sogenannte Physiologie, die Lehre von den Körperfunktionen, beschreibt alle physikalischen und chemischen Vorgänge und ihre Auswirkungen. Wie also setzt die Natur die von der baulichen Struktur gegebenen und die parallel dazu als biologische Funktionen entwickelten Gegebenheiten ein? Auch dazu scheint ein zunächst allgemeiner Einblick sinnvoll, bevor wir uns dem für das Fressen wesentlichen Teilbereich der Ernährungsphysiologie zuwenden.

Fische bewegen sich durch abwechselnden Seitenmuskelzug sozusagen "schlängelnd" vorwärts. Dabei können Rücken-, After- und Schwanzflossen die so entstehenden Wellenbewegungen mitmachen oder aktiv unterstützen. Die Schwanzflosse kann - durch starke Muskelschläge angetrieben - gewaltigen zusätzlichen Vorschub leisten. Brust- und Bauchflossenpaare dienen der Gleichgewichtsregulierung, dem Steuern oder Bremsen. Brustflossenbewegungen sind ein möglicher "Rückwärtsgang" von Fischen.

Betrachtet man die Haut, das äußere, den Körper umhüllende "Kleid" als Organ, dann ist sie zweifelsohne das größte Organ aller Wirbeltiere und damit auch der Fische. Gewicht und Fläche der Haut übertreffen die entsprechenden Werte aller Innereien. Zu deren Gegensatz wäre die Haut als Außenorgan anzusprechen. Fischhaut wird grob in die beiden Bereiche Oberhaut (Epidermis, ganz außen) und die darunter liegende Lederhaut (Corium, die innere oder Unter-Haut) unterteilt. Die Epidermis ist wiederum aus mehreren Lagen von schichtartig aufeinanderfolgenden Zellen aufgebaut, die von zahlreichen Drüsenzellen durchsetzt sind. Sie sondern den "Schutzfilm" unserer Fische ab, den Schleim, der die äußerste Zell-Lage bedeckt und damit der intakten Haut einen gewissen Schutz gegen Fremdstoffe oder kleine, belebte Angreifer wie Schmarotzer, Pilze und Bakterien gibt. Falsches "Handling" bei Transport oder Umsetzen, die ein oder andere Krankheit oder schlechte Haltungsbedingungen bei unzulänglichen Wasserparametern können diese Schleimschicht schädigen. Die Haut selbst kann als Folge davon erheblich in Mitleidenschaft gezogen werden.

In der Lederhaut sind neben Nervensträngen, Muskelfasern und Blutgefäßen auch die Farbzellen zu finden. Sie enthalten die unterschiedlichen Farbpigmente und über ihre Ausprägung und die Kombination der diversen Möglichkeiten kommt die farbliche Wirkung der Fischhaut auf das Auge des Betrachters zustande. Mögliche Farbwechsel, Aufhellungen und Verdunkelungen basieren auf Änderungen der Pigmentpartikel in Lage und Ausdehnungsgrad innerhalb dieser Farbzellen. Die ganze Farbenpracht und -vielfalt der Fische läßt sich auf vier Farbzellentypen zurückführen: Rot-, Gelb- und Schwarzzellen sowie Glanzzellen, welche reflektierende Kristalle enthalten. Für Fische ist Blau keine Grundfarbe (wie in der menschlichen Farbenlehre), sondern kommt durch eine Mischung von Schwarz- und Glanzzellenpigmenten zustande. Auch alle anderen Fischhautfärbungen sind Mischungen oder Konzentrationen bzw. Ausfälle der vier Grundtypen, bei Albinos fehlen alle Farbpigmente. Die Hautfärbung ist ein Ausdruck des Wohlbefindens und damit auch einer optimalen Haltung und Fütterung unserer Fische.

Direkt unter der Lederhaut liegt die Muskulatur. Körper-, Kopf- und Flossenmuskeln sind - im Mikroskop betrachtet - quergestreift, die Eingeweidemuskeln gehören zum glatten (ungestreiften) Typus. Die Rumpfmuskulatur ist seitlich entlang des ganzen Körpers dabei am mächtigsten ausgebildet. Gemeinsam mit der Körperform bedingt sie die Schnelligkeit beim Schwimmvorgang. Ganz genauso, nämlich in einen Kopf-, Rumpf- und Flossenanteil gliedert sich das Skelett. Dieses Knochengerüst dient im Wesentlichen der Muskelaufhängung; da das Wasser die Fische trägt, ist eine Stützfunktion für den gesamten Körper mit einer entsprechenden Belastbarkeit wie bei Wirbeltier-Landbewohnern bei Fischen nicht nötig. Ihr Skelett ist relativ zur Größe recht "feingliedrig" gebaut. Hauptelement ist die bereits erwähnte Wirbelsäule, die sich als Stützstab mit fischtypischen Knochenfortsätzen an jedem einzelnen Wirbelkörper vom Kopf bis zum

Schwanz durch den Fisch zieht. In ihrem Vorderbereich sind die Rippen seitlich aufgehängt. Alle bisher genannten Skelett-Teile sind echte Knochen, nur fischige Laien und Gourmets bezeichnen eine Fischwirbelsäule als "Mittelgräte". Wo aber bleiben die echten Gräten? Das sind - streng biologisch betrachtet - nur die kleinen, frei in der Muskulatur liegenden Verfestigungselemente, die aus verknöcherten Sehnen entstanden sind und die in keinerlei Verbindung mit Kopf, Flossen oder der Wirbelsäule stehen. Die Anzahl der Gräten ist von Art zu Art verschieden und auch innerartlich gibt es individuelle Schwankungen.

Natürlich besitzen Fische auch ein Nerven-, Hormon- und ein Lymphsystem, doch würde es zu weit führen, hierzu auf Details einzugehen. Auch nähere Betrachtungen zu Gehirn, Herz, Sinnesorganen, Blutkreislauf, Schwimmblase und Fortpflanzungsorganen unterbleiben, um den hier vorgegebenen Rahmen nicht zu sprengen. Alle "Innereien", die mit Ernährung im weitesten Sinne zu tun haben, sind für unsere Thematik jedoch von ganz besonderem Interesse.

Die Verdauungsorgane im Überblick

Den meisten Raum innerhalb der Leibeshöhle beansprucht der Verdauungskanal. Dieser auch Magen-Darm-Trakt genannte Bereich wird durch die zugeordneten Organe zu Verwertung und Ausscheidung ergänzt. Teile dieses wichtigen Systems werden uns nachfolgend noch öfter begegnen. Beginnend mit dem Maul, bei etlichen Fischen mit Zähnen versehen, aber nie mit Speicheldrüsen, gelangt die Nahrung über den Speiseröhrenschlund auf kurzem Weg direkt in die Organe der Nahrungsverarbeitung mit den Anhängen Leber, Galle und Bauchspeicheldrüse. Das Maul als vorderstes Verdauungsorgan ist so wichtig, daß ihm weiter hinten ein eigenes Kapitel gewidmet wird. Ein Magen ist nicht immer vorhanden, oft beginnt das Verdauungsrohr direkt mit dem vordersten Darmteil.

Die meisten Raubfische, die andere Fische als bevorzugte oder ausschließliche Speise haben, verfügen

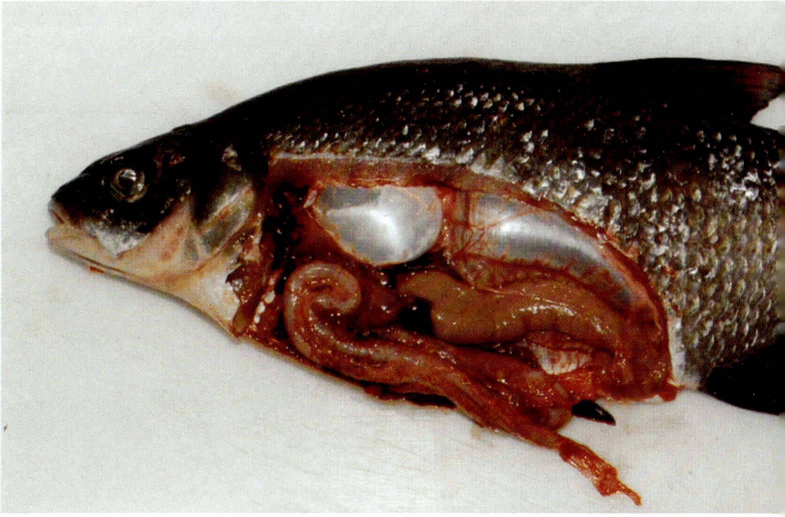

Oben: Omnivorer Weißfisch: herauspräparierter Verdauungskanal eines Brachsen

Unten: Omnivorer Weißfisch: Blick in die Leibeshöhle eines Brachsen

jedoch über einen Magen. Er ist dann als dehnbarer Sack unterschiedlicher Form ausgebildet, wobei die Größe der Beutetiere und damit das maximale Volumen des Magensacks bei den einzelnen Arten recht unterschiedlich ist. Darauf folgt nun der Darm, der bei den magenlosen Fischen praktisch übergangslos nach der Speiseröhre beginnt. Oft ist der erste Darmabschnitt bis zur Einmündung

Magen-Darm-Trakt einer Forelle (faunivorer Räuber)

des Gallengangs etwas erweitert, da hier jedoch im Gegensatz zu Fischen mit Magen keine Salzsäure gebildet wird, gehört dieser Teil eben schon zum Darmrohr.

Mittel- oder Dünndarm und Enddarm bis zum After schließen sich an, wobei diese Teile sich kaum vom Aufbau, sondern nur von der Funktion her unterscheiden lassen. In Vorgriff auf die unten zu besprechenden Futtertypen gilt hier eine wichtige Faustregel zum Zusammenhang zwischen Darm und Ernährungsweise: Je mehr pflanzliche Nahrung ein Fisch aufnehmen, verdauen und verwerten kann, desto länger ist sein Darm. Dies kann bis zum Mehrfachen der Körperlänge gehen, denn man findet teils zahlreiche innere Windungen des Darmrohres. Dann sind die schon genannten Darmanhangdrüsen Leber und Bauchspeicheldrüse nicht als kompakte Organe ausgebildet, sondern eher diffus zwischen den Darmschlingen in der Leibeshöhle verteilt.

Einige Fischarten verfügen noch über spezielle Bildungen des Darmes wie blinddarmartige Anhängsel oder Blindsäcke. Sie vergrößern die innere, verdauungswirksame Oberfläche des Darmes und zeigen im Gegensatz zum menschlichen Blinddarm eine echte Funktion bei der Nahrungsverwertung.

Fischnieren liegen außerhalb der eigentlichen Leibeshöhle, die vom Bauchfell innerlich umgeben ist. Meist paarig angelegt und oft verschmolzen zu scheinbar einem Organ findet man sie in gestreckter Form entlang des Rückgrats. Der vordere Abschnitt dient der Blutbildung (unterstützt also die Milz), nur Mittel- und Hinterabschnitt sind für die flüssige Exkretion, also die Ausscheidung von Harn da. Die tägliche Harnmenge von Süßwasserknochenfischen beträgt dabei - artabhängig schwankend - etwa 20 % des Körpergewichts! Bedenkt man, daß es Säugetiere dabei auf durchschnittlich nur 1,5 % ihres Gewichtes bringen, ist dies ein gewaltiger Flüssigkeitsumsatz. Doch damit nicht genug: Bei Fischen erfolgt noch ein zusätzlicher Teil des Harnstoff-Abbaus über die Kiemen. In direktem Weg aus dem Blut gehen so einige ausscheidungswürde "Abfälle" an der Niere vorbei. Was jedoch die Niere passiert hat, geht auch bei Fischen über die Harnleiter und eine Blase durch die Harnröhre nach außen ins Wasser.

ERNÄHRUNGSWEISEN UND FUTTERTYPEN

Ökologische und verhaltensbedingte Nahrungsaspekte

Lebensraum und Ernährung

In jahrmillionenlanger Entwicklung haben sich die oben beschriebenen baulichen (anatomischen) und funktionellen (physiologischen) Merkmale der Fische herausgebildet. Verantwortlich dafür sind allgemeine Gegebenheiten und spezielle Mechanismen der Natur, die auf Organismen und Populationen wirkten und weiter wirken und langfristige Änderungen zur Folge haben können. Die Gesamtheit dieser art- und stammesgeschichtlich entwickelnden Faktoren bezeichnen wir als Evolution. Hinzu kommen, auch und gerade bei Lebewesen in menschlicher Obhut, die kurzfristig greifenden Möglichkeiten der Gewöhnung. Letztere werden eher bei der Überlebensfähigkeit von Arten unter gewissen Umweltbedingungen im Sinne von Wasserparametern offensichtlich und sie umfassen bei sogenannten anpassungsfähigen Spezies oft recht weit gespannte Bereiche. Aber auch hinsichtlich dessen, was an Ernährung (noch) funktioniert, gibt es Gewöhnungsvorgänge. Aquarianer und Garteneichbesitzer sollten nun aber nicht unbedingt versuchen, die Grenzen dieser Gewöhnungsfähigkeit unserer Flossenträger im negativen Sinne - etwa durch einseitige Kost - ermitteln oder gar weiter einschränken zu wollen. Leider scheint dies, wenn man verschiedenen Untersuchungen zum Thema "Fehlernährung" Glauben schenkt, nur allzu oft stattzufinden. Was die Natur als eindeutige Notmaßnahme und nackte Überlebenshilfen konstruiert hat, darf für Vivarianer nicht zur Regel werden.

Der Lebensraum einer Tierart bestimmt durch das Vorhandensein gewisser belebter und unbelebter Faktoren zusammen mit den natürlicherweise herrschenden Bedingungen die jeweilige Ernährungsweise. Räuber können nur dort existieren, wo ihre Beutetiere ebenfalls vorkommen. "Stoßräuber", die ihrer Beute auflauern und sie durch blitzschnelles Zustoßen zu erwischen trachten, sind auf Verstecke für eine erfolgreiche Jagd angewiesen. In offenem Unterwassergelände wären sie, die des längeren Spurtes oder gar der ausdauernden Verfolgung schwimmtechnisch-anatomisch gar nicht fähig sind, im Gegensatz zu Freiwasserjägern chancenlos. Jene wiederum müssten in hindernisreichen oder stark verkrauteten Gewässerteilen schier verhungern, auch wenn dazwischen theoretisch reichlich Beute vorhanden wäre. Die spezielle Anpassung nicht nur an die Jagdbeute selbst, sondern auch an deren Aufenthaltsort und die daraus entwickelte Erbeutungsmethode schränkt hier die Ernährungsweise stark ein.

Ein Stoßräuber packt zu. Archiv bede-Verlag

Trübes Wasser - klares Wasser, Strömung oder Ruhe, flache oder tiefe Bereiche, grobe oder feine Bodenstruktur, fehlender oder vorhandener Aufwuchs, Licht oder Dunkelheit, Pflanzen oder Felsen usw., mit all diesen Faktoren ließe sich die Reihe derartiger Beispiele fortsetzen, wie der Lebensraum in seiner Gesamtheit die Ernährung beeinflußt und meist wirken mehrere zusammen.

Biotope und ökologische Nischen in der Natur....

Ohne auf die einzelnen Arten einzugehen, sollen Gruppenbeispiele das im vorherigen Kapitel Gesagte erläutern und verdeutlichen. Dazu ist ein gewis-

ses thematisches Ausholen unabdingbar, da nun die Ökologie als Lehre von den vielfältigen Beziehungen zwischen Lebewesen und Umwelt unser Wissen um die Ernährung in der Natur bereichert. Es geht nämlich um unterschiedliche Ausnutzungen der naturseits verschieden gebotenen Ressourcen innerhalb von Biozönosen, also Lebensgemeinschaften von Pflanzen und Tieren. Sie sind angepaßt an die Gegebenheiten im jeweiligen Biotop, dem "Ort des Lebens", wie die wörtliche Übersetzung dieses ökologisch wichtigen Begriffes lautet. Biotope sind Gebiete, die sich durch besondere Lebensbedingungen von anders gestalteten Gebieten, die ebenfalls Biotope sind, abgrenzen und unterscheiden lassen.
Nun sind Biotope praktisch nie einheitlich in sich gestaltet, sondern weisen weitere Strukturierungen auf, die man als Habitate (Lebensstätten) bezeichnet. Innerhalb der Biotope und ihrer Habitate, die sich teils aus minimalen Unterschieden der Umgebungsverhältnisse ergeben, haben die dort lebenden Bewohner ganz typische bevorzugte Plätze gefunden. Dort ernähren sie sich, nutzen also die ebenfalls speziellen Futterquellen und Möglichkeiten der Fortpflanzung. Man sagt, sie besetzen die jeweiligen "ökologischen Nischen".
Betrachten wir das Beispiel eines Biotops mit der Bezeichnung "schnell durchströmter Abschnitt eines tropischen Baches":
Bestimmte Fischarten, die körperlich dazu in der Lage sind, werden dort mittig in der freien Strömung "stehen" oder gegen sie anschwimmen, sich ggf. zeitweise mit ihr "fallen lassen", um sodann wieder bachaufwärts zu streben. Ihre ökologische Nische ist die freie Strömung zwischen Boden und Oberfläche, ihre bevorzugte Nahrung demnach "Treibgut": Solche Fische schnappen nämlich nach heran- oder vorbeitreibenden Nahrungspartikeln und in der Natur kämen sie nie auf die Idee, am Boden danach zu suchen.
Andere Bewohner dieses Biotops nutzen das Bodenhabitat, und dort den Bereich - richtig: die ökologische Nische - der ungeschützten Strömungsabschnitte. Hier gibt es schnittig geformte Schwimmer, die sich immer direkt über Grund bewegen, um dort Nahrung zu erhaschen oder aber - meist abgeplattete - Bodenlauerer, die jedoch dem freien Strom trotzen können.

Fressender Wels mit unterständigem Maul; Archiv bede-Verlag

Ein nächster Nischeninhaber im gleichen Habitat muß hinter oder zwischen Steinen sein Futter erwerben, da er vorbeischwimmende Nahrung nicht fassen kann (maul- und/oder körperformbedingt) oder dauernder, "ungebremster" Aufenthalt in der Strömung für ihn zu energiezehrend wäre.
Schließlich gibt es in unserem Beispielsbach noch das Oberwasser, der Teil der Strömung direkt an der Wasser-Luft-Grenzschicht oder unmittelbar darunter. Die ökologische Nische bezogen auf die

Ernährung heißt hier "Anflugnahrung". Diese Fische erbeuten nur, was auf der Oberfläche frei- oder unfreiwillig landet.
Beim Verlassen des strömenden Tropenbaches fällt mir noch ein ganz extremes Fischbeispiel für die futtermäßige Erschließung ökologischer Nischen ein: Der Schützenfisch (*Toxotes jaculatrix*) schwimmt zwar zum Nahrungserwerb mit Vorliebe unterhalb der Wasseroberfläche und nimmt auch Futter ausschließlich von derselben auf. Das Besondere ist jedoch, daß er Insekten, die außerhalb (!) des Wassers, etwa auf überhängenden Pflanzen, sitzen oder krabbeln nicht nur erspähen kann, sondern sie mit einem gespuckten Wasserstrahl regelrecht abschießt. Er hat sich also eine Futterquelle außerhalb seines eigentlichen Lebenselementes erschlossen.

....und in menschlicher Obhut

Das mit den ökologischen Nischen im Aquarium ist so eine Sache. Selbstverständlich ist es die vornehmste und lohnendste Aufgabe jeden Vivarianers, die Lebens- und Umgebungsbedingungen seiner Pfleglinge zuhaus soweit als möglich nachzuahmen. Indes wird meist nur ein Nachstellen der natürlichen Gegenbenheiten oder eine Imitation von kleinen Teilen des Lebensraumes in der Praxis möglich sein und selbst der spezialisierte Zweig der sogenannten "Biotopaquaristik" stellt sich lediglich die Aufgabe der Annäherung an die Natur. In keinem Aquarium, und sei es technisch noch so perfekt, lassen sich wirkliche ökologische Nischen schaffen wie sie im Kapitel zuvor ausführlich an Beispielen geschildert worden sind. Da jedoch unsere Zierfische teils noch überhaupt nicht, teils erst in jüngster Zeit domestiziert wurden, also echte "Haustiere" im durchgezüchteten Sinne geworden sind, haben sie an ihren grundsätzlichen Ernährungsgewohnheiten nichts geändert. Und auch der angewandten Vererbungslehre ist es gottlob noch nicht gelungen, einen Wels zur Futtersuche an die Oberfläche oder einen Schützenfisch zum Gründeln zu bringen (siehe nächstes Kapitel). Deshalb obliegt es menschlicher Obhut und dem daraus erwachsenen Verantwortungsbewußtsein unabhängig von der Art der gewählten Dekoration und Einrichtung eines Aquariums, ob nun biotopgerecht oder nicht, den einzelnen Fischen wenigstens hinsichtlich der Fütterung eine korrekte, d.h. artgemäße Ausfüllung ihrer naturgegebenen, angestammten ökologischen Nischen zu bieten. Möglichkeiten dazu werden noch hinreichend genannt werden, doch sei man sich über eines im Klaren: Gerade in einem Gesellschaftsbecken, das ja meist die Anfänger- und Einsteigervariante der Aquaristik darstellt, ist dieser an sich unabdingbare Anspruch nicht eben leicht zu erfüllen. Vielleicht liegt hier eine der Wurzeln für die doch recht hohe Rate an (Jung-)Aquarianern, die dieses schöne Hobby allzu schnell aufgrund erlebter Enttäuschungen wieder aufgeben.

In und auf Gestaltungsmaterial wächst später auch Futter

Klare Hinweise: Maulausbildung und Körperform

Glücklicherweise hat uns die Natur aufgrund der angepaßten Entwicklungsformen in die Lage versetzt, bei sehr vielen Fischarten schon anhand rein äußerer Merkmale zumindest Hinweise auf bevorzugte Aufenthaltsorte zu erhalten. Aus biologischer Kenntnis dessen, was dort so kreucht und fleucht bzw. wächst, ergeben sich so Rückschlußmöglichkeiten auf die natürliche Ernährung. Einige Beispiele dazu mögen dies verdeutlichen: Überwiegend am Boden lebende Fische zeigen oft einen "platten Bauch", d.h. eine Bauchlinie, die sich bei seitlicher Betrachtung praktisch geradlinig darstellt. Ist dazu der Körper noch abgeplattet oder doch strömungsgünstig geformt, ist daraus auf eine Lebensweise in eher schnell durchflossenen Bereichen zu schließen. Betrachten wir zusätzlich Lage und Form des Maules dieser Bodenbewohner wird klar, daß derartige Fische wohl kaum Anflugnahrung oder ähnliches Futter von der Wasseroberfläche aufnehmen können. Das Maul zeigt meist in Richtung des bevorzugten Aufenthaltsortes (Boden) und wird deshalb als unterständig bezeichnet. Welse und Schmerlen wären hierfür typische Beispiele und zusätzlich ist bei diesen Gruppen auch das Schwimmvermögen nicht sonderlich gut ausgeprägt. An lebender Beute stehen bei diesen Tieren daher vor allem langsame Formen im Vordergrund und weitere Nahrungsbestandteile werden eher unbeweglicher Natur sein. Weiter spricht ein rundliches Maul, eventuell in Verbindung mit wulstigen, kräftigen Lippen, für eine schabende, bzw. - wenn noch kleine Zähnchen dazukommen - raspelnde Ernährungsweise.

Die von vielen Menschen als die "typische Fischform" bezeichnete spindelförmige Gestalt mit leicht nach oben gekrümmter Rücken- und zum Boden hin gewölbter Bauchlinie kennzeichnet einen großen Teil des Fischvolkes. Es sind Bewohner des freien Wassers, deren Maul auch häufig vorne in der Kopfmitte steht. Bei geschlossenem Maul verläuft die als Maulspalte bezeichnete Öffnung parallel zur Körperlängsachse. Man nennt dies daher

Oberständiges Maul; Fische fressen Anflugnahrung etc. von der Oberfläche

Endständiges Maul; Fische fressen im Freiwasser (Plankton und andere schwebende Bestandteile)

Unterständiges Maul; Fische nehmen Bodennahrung zu sich. Zeichnungen: Kerstin Keppler

"endständig". Die Futteraufnahme dieser Mittelwasserbewohner wurde oben treffend anhand der entsprechenden ökologischen Nische im Beispiel des tropischen Baches beschrieben: Schnappen nach umherschwimmender oder vorbeitreibender Nah-

rung. In stehenden Gewässern werden von Fischen mit endständigem Maul herabsinkende oder im Freiwasser schwebende Partikel erhascht. Einige Vertreter dieser Gruppe haben eine interessante Abwandlung dieses Maultyps entwickelt, die im Extremfall im Laufe der Evolution eine Lageverschiebung des Maules zum Bauch hin nach sich zog, weshalb dann daraus ein oben beschriebenes, unterständiges Maul geworden ist: Es treten herausstülpbare, häutige Strukturen auf, die eine Art Kurzrüssel beim Aufklappen dieser Mundwerkzeuge erscheinen lassen, der dann zur Futteraufnahme gezielt eingesetzt wird. Findet dies nicht an senkrechten Oberflächen wie Pflanzen, Wurzeln oder Steinen statt, sondern wird dazu der Gewässergrund aufgesucht und oft genug intensiv durchwühlt, spricht man bei dieser Art von Nahrungserwerb vom sogenannten Gründeln. Viele Zierfische, die zwar gern im Freiwasser umherschwimmen, gehen so ausgestattet zum Fressen auf den Boden der Gewässer. Die ökologischen Nischen für die Verhaltenskreise "Aufenthalt" und "Nahrungsaufnahme" sind also verschieden.
Als dritte Gruppe der Einteilung unserer Fische nach Maul- und Körperform sind die Oberflächenbewohner zu nennen:
Ihr Maul zeigt meist deutlich schräg von der Kopfmitte nach oben, seine Öffnung ist zum bevorzugten Ort der Nahrungsaufnahme, nämlich der Wasseroberfläche orientiert, weshalb man von einem oberständigen Maul spricht. Als zusätzliches Erkennungsmerkmal dieser Ernährungsgruppe ist die Rückenlinie derartiger Fische recht gerade, ihr Bauchkiel meist stark nach unten ausgewölbt. Der schon als Beispiel reichlich strapazierte Schützenfisch und die Beilbauchfische sind hier als Vertreter zu nennen.

Die Bezahnung der Fischmäuler verdient noch eine etwas eingehendere Betrachtung: Kleine, meist direkt auf oder gleich hinter den Lippen gelegene Zähnchen zum Abraspeln feiner, oft festsitzender Futterpartikel wurden schon erwähnt. Bei Raubfischen dienen wesentlich kräftigere Zähne, die zudem nicht selten sehr spitz sind, zum Ergreifen und Festhalten ihrer lebenden Beute. Im Fischreich findet man nirgends echte Zähne, mit denen, wie bei Säugetieren oft üblich, regelrecht gekaut wird. Alle Fische sind vom Weitertransport ihrer Nahrung her eindeutig "Schlinger". Selbst Fische mit messerscharfen Sägezähnen, wie Haie und Piranhas kauen keineswegs, sondern nutzen ihre Bezahnung nur zum Herausreißen von maulgerechten Stücken aus ihrer Beute.
Aber außer den echten Zähnen gibt es bei Fischen auch "unechte", die jedoch nicht im Maul, sondern in Richtung des inneren Kopfendes zu finden sind. Aufgrund ihrer Lage heißen sie Schlundzähne und bestehen aus knochigen Strukturen in der Gruppe der Karpfenartigen. Hieran unterliegt das aufgenommene Futter einer reibenden Vorzerkleinerung, indem es von den Schlundzähnen gegen feste Widerlager gedrückt zu einem Nahrungsbrei verarbeitet wird.
Weitere "falsche Zähne" finden sich bei Planktonfressern an den Kiemenbögen. Hier formen sie durch Siebfortsätze einen äußerst effektiven Reusenapparat, mit dessen Hilfe feinstes Geschwebe (Plankton) aus dem Umgebungswasser geseiht wird. In diesen Fällen wirkt das Maul lediglich als Trichter, der geöffnet durch das Wasser streicht und den die Nahrung vom Wasser trennenden Zähnchen- oder Bürstenstrukturen im Schlund das Futtermaterial zuführt.
Merke: Auch in der Natur gilt ganz im Sinne von modernem Design, daß die Funktion die Form bestimmt.

Nahrungsspektren

Ernährungswissenschaftler unterscheiden bei allen höher entwickelten Tieren (Wirbeltiere von den Fischen über die Lurche, Kriechtiere, Vögel bis zu den Säugern) nach der Art des vorwiegenden Nahrungsspektrums grob drei Hauptenährungsrichtungen. Grob deshalb, weil es natürlich zahllose Überschneidungen, Mischformen und Übergänge gibt. Aber die Bezeichnungen der drei Hauptfuttertypen stellen doch wichtige Orientierungspunkte dar und sie haben sich aus Naturbeobachtungen an der Nahrung in Verbindung mit Untersuchungen des Magen-Darmtraktes ergeben. Schließlich kommen auch Sonderformen des Ernährungsschemas vor und auch sie wollen irgendwo sinnvoll eingeordnet sein. Eine prinzipielle Unterteilung nach Hauptrichtungen macht also schon Sinn. Die drei heißen: Pflanzenfresser - Allesfresser - "Fleischfresser".

Aquarianern, die bereits mit Atlanten und Lexika gearbeitet haben und sich neben (hoffentlich vielen) Büchern auch Fachzeitschriften zu Gemüte führen, sind auch die entsprechenden Fachbegriffe dazu bereits geläufig:

Pflanzenfresser heißen Herbivore, Allesfresser werden Omnivore und "Fleischfresser" "Carnivore" genannt. Warum der letzte terminus technicus in "Gänsefüßchen" steht, soll gleich erklärt werden: Der Begriff "Fleischfresser" ist leider ebenso falsch wie eingebürgert. Kein Tier aus dieser Gruppe frißt nämlich nur Fleisch im Sinne der üblichen, menschlichen Definition. Fleisch ist Muskulatur, und zum "Fleisch" gehören allenfalls noch einige gut nutzbare Innereien. Kein Tier könnte allein davon leben, ja selbst, wenn die sogenannten tierischen Nebenerzeugnisse hinzu kämen, wäre dies selbst für extreme "Fleischfresser" wie die Katze nie komplett und ausgewogen. Denn in der Natur bzw. auf Seiten der Vorfahren aller unserer Heimtiere und der Fische werden von sogenannten "Carnivoren" ganze Beutetiere verschlungen oder doch Körperteile und Inhalte der Beuteorganismen aufgenommen. Einzig korrekt wäre von daher der Begriff "Tierfresser" oder - wissenschaftlich - "Faunivore". Allerdings ist nichts schwerer, als einen einmal eingefahrenen Begriff, und sei er sachlich noch so falsch, aus den Köpfen und Büchern mancher Fachleute zu bringen. Aber wenn ein räuberisch lebender Buntbarsch einen Beutefisch verschlingt, wenn die Katze sich Mäuse einverleibt, eine Echse Insekten oder ihre Larven vertilgt oder wenn Greifvögel kröpfen, dann werden stets Tiere oder Tierteile und nie nur Fleisch gefressen! Führen wir also ruhig statt der falschen und überkommenen Carnivoren hier die Faunivoren ein.

Auch der Begriff "Allesfresser" ist eher unappetitlich, denn selbst Schweine und Menschen, beides beispielhafte Omnivoren, nehmen bei weitem nicht alles zu sich. Gemeint sind mit Allesfressern all die Organismen, die als Gemischtköstler sowohl tierische als auch pflanzliche Nahrung natürlicherweise zu sich nehmen und auch brauchen. Auf unserer groben Skala der Ernährungstypen stehen sie in der Mitte des Systems zwischen Fauni- und Herbivoren. Sehr viele Allesfresser verfügen über Verdauungseigenschaften und körpereigene Speicher- oder Umbaumechanismen, die zumindest zeitweilige Extremernährung sowohl in die pflanzliche als auch in die tierische Richtung erlauben. Aber selbst diese außerordentliche Anpassungsfähigkeit darf nicht auf Dauer einseitig übertrieben werden. Wildtiere nutzen dazu ihren Instinkt, um natürlichen Futterausgleich zu schaffen. Haus- und Heimtieren sind solche Instinkte oft weggezüchtet worden, was sicher auch für manche Fischart gilt. Selbst wenn sie noch vorhanden sind, läßt die Haltung und Pflege in menschlicher Obhut keine Wahl zu: Die Tiere sind uns Menschen anvertraut bis hin zur völligen Abhängigkeit. Unverantwortlichen Tierhaltern sind sie gar ausgeliefert und Fehlernährung ist Tierquälerei im Sinne des Tierschutzgesetzes!

Am korrektesten klassifiziert die Tierernährungslehre die Pflanzenfresser: Herbivore Organismen leben im Normalfall tatsächlich von Pflanzen und Pflanzenteilen wie Samen, Früchten oder Wurzeln. Im Normalfall will heißen, daß die Definition als Pflanzenfresser nur außerhalb der Fortpflanzungsperiode gilt. Zahlreiche Pflanzenfresser sind als Jungtiere Geschmischtköstler in Richtung Allesfresser. Eltern versorgen ihre Jungen in der kritischen Aufwuchsphase oft mit zusätzlichem tierischen Eiweiß, um den höheren Proteinbedarf und die Anforderungen an die Eiweißzusammensetzung während des raschen Wachstumsstartes optimal zu erfüllen. Unter den Zierfischen wären hier die Diskus-Arten anzusprechen. Die Jungtiere "weiden" hier regelrecht ein zur Brutzeit von den Eltern in der Haut gebildetes, schleimig-nahrhaftes, eben tierisches (gar arteigenes) Eiweiß von der Körperoberfläche ab. Diese "Säugeperiode" dauert mindestens 10 Tage lang. Andere, nichtfischige Beispiele wären viele körnerfressende Vögel, die Insekten oder ersatzweise Eifutter brauchen, um ihre Jungen zu füttern. Auch viele Fische ohne Brutpflege, die ausgewachsen zu Pflanzenfressern werden, sind in ihrer Kindheit oder Jugend von sich aus Allesfresser oder gar "Fleischfresser", besser Tierfresser.

Damit sind die drei Hauptrichtungen der Ernährung der Wirbeltiere erklärt. Bei der praktischen Fütterung, die ja auf diesen Erkenntnissen fußt, muß man sich stets vor Augen halten, daß Zwischenstufen häufig sind. Als eine solche wurden und werden sogenannte "Aufwuchsfresser" - wissenschaftlich Limnivoren - in der ichthyologischen Literatur klassifiziert. Diese Bezeichnung typisiert jedoch (im Gegensatz zu den drei vorgenannten) nicht, was diese Tiere (hauptsächlich) fressen, sondern wie sie es tun. Sie weiden nämlich sogenannten Aufwuchs mikrobiologischer oder pflanzlicher Art auf Bodengrund, Steinen, Pflanzen, Wurzeln oder auch "unnatürlichen", ins Wasser eingebrachten Gegenständen direkt ab und/oder nehmen dabei zwischen diesen Substraten liegenden Detritus (= zerkleinertes, organisches Abbaumaterial; in bakterieller Zersetzung und Mineralisierung befindlich) auf und/oder fressen die sich dort aufhaltenden Mikroorganismen bzw. Kleinlebewesen. Leider ist es mit der Ernährungstheorie der Limnivoren wirklich so kompliziert wie der vorstehende Satz selbst!

Aber Aufwuchsfresser ließen sich sehr wohl - natürlich Art für Art im einzelnen - irgendwo auf der Linie Pflanzenfresser-Gemischtköstler-Tierfresser einordnen. Voraussetzung dafür wären exakte Untersuchungen der bevorzugten Nahrung und ihrer Zusammensetzung, also dessen, was wirklich an Aufwuchs direkt oder aber an darin hausenden Klein- und Kleinstbewohnern verschlungen und verwertet wird. Limnivore ist also kein Ernährungstyp und sagt leider nichts aus über das Futterspektrum. Die meisten Aufwuchsfresser dürften Omnivoren bis Herbivoren sein.

Auch den Begriff "Raubfisch" müssen wir als umgangssprachliches Kunstprodukt sehen: Im Allgemeinen versteht man darunter nur solche Fische, die andere Fische fressen und deshalb - wie weiter vorn gezeigt - einen echten Magen zur Vorverdauung der Beute haben. "Räuberisch leben" im Sinne des Verzehrs anderer, kleinerer lebender Objekte müssen jedoch viele andere Fischarten auch und zwar als Faunivore überwiegend und als Omnivore zum Teil. Dies wären dann Räuber oder eben "Raubfische" im erweiterten Maßstab und darunter fallen viele Fischarten, die wir mit dem ebenfalls künstlichen und gar nicht so ganz zutreffenden, vermenschlichenden Begriff "Friedfisch" belegen. Also: Wirklich glauben und greifbar umsetzen kann man nur die oben definierten Ernährungstypen Herbi-, Omni- und Faunivore sowie ihre Zwischenstufen. Diese ergeben sich artbedingt und genetisch festgelegt, aber innerhalb einer Art manchmal auch saisonal (aufgrund des schwankenden Nahrungsangebotes) oder abhängig vom Lebensabschnitt.

Nahrungsketten draußen und "drinnen"

Der Begriff der "Nahrungskette" ist inzwischen von der Ökologie als beinahe schon ungültig, weil die Tatsachen zu sehr vereinfachend entlarvt worden. Die vielfältigen Verflechtungen aller Stufen des "Fressens" und "Gefressen Werdens" auf verschiedensten Ebenen in und an natürlichen Gewäs-

Auch in Filtermaterialien siedelt feinstes Lebendfutter

sern (und selbstverständlich auch in anderen Lebensräumen) lassen eigentlich nur die Definition sich überlagernder und voneinander abhängiger Nahrungsnetze zu. Nahrungsketten sind nur als Ausschnitte aus diesen Netzwerken zu sehen.
Innerhalb des Wasserlebens sind sie untrennbar in das grobe Umlaufgeschehen jeglicher lebender Materie und toter (also ehemals lebendiger) Organismen eingebunden. Die Fülle all dieser Auf-, Um- und Abbauvorgänge läßt sich vereinfacht im sogenannten "Kreislauf der organischen Substanz im Gewässer" darstellen. Da sind zuerst die "Produzenten" zu sehen, diejenigen Lebewesen pflanzlicher Natur, die - wie der Gruppenname schon sagt - etwas produzieren. Herstellen greifbarer Materialien, also Aufbauen von organischer, belebter Substanz aus unbelebten, gelösten, mineralischen (also anorganischen) Stoffen ist ihre Aufgabe. Außer den höher entwickelten Wasserpflanzen obliegt diese Tätigkeit in Gewässern vor allem den kleinen, oft gar einzelligen Algen. Um aus den Nährstoffen des Wassers körpereigene Substanz aufzubauen, braucht dieses Phytoplankton (= pflanzliches Geschwebe) zusätzlich das Sonnenlicht als Energiequelle. Mit Hilfe des Lebensmotors "Photosynthese" gelingt es über spezielle Zellbausteine mit Chlorophyll, dem Blattgrün, die Bausteine für alle Produktionsaufgaben zu erstellen. Ohne Sonne und Pflanzen ist kein weiteres Leben denkbar, denn auf die Produzenten (die einzigen, die in diesem Stoffkreislauf etwas aufbauen) folgen schon die Verwerter. Als "Konsumenten" ist allenfalls der Umbau weiterer Substanzen neben der Verwertung der von Pflanzen geschaffenen Stoffe ihre Aufgabe. Da dieser Verbrauch oft genug in mehrstufiger Form erfolgt, sprechen die Wissenschaftler von Konsumenten 1., 2. oder 3. Ordnung usw.
Hier bietet sich nun an, innerhalb des Kreislaufs

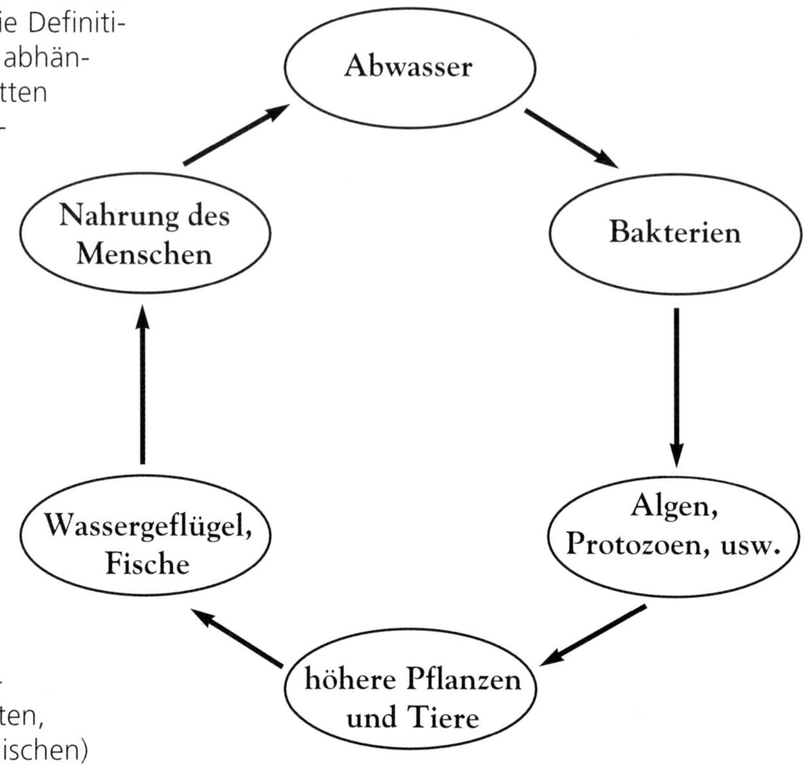

Der Kreislauf der organischen Substanz im Gewässer

organischer Substanz die ganz typische Nahrungskette des Wasserlebens einzuschieben, die meist als einfaches Paradebeispiel herzuhalten hat: Einzellige niedere Pflanzen, etwa Grünalgen, konnten ihre Biomasse als Produzenten dank Licht und gelöster Nährstoffe vervielfachen. Als Konsumenten 1. Ordnung folgen ihnen Mitglieder des tierischen Geschwebes, also Zooplankter, die von den Algen leben. Wasserflöhe könnten dieses Beispiel treffend ausfüllen. Sie wiederum werden von Kleinfischen verzehrt (Konsumenten 2. Ordnung), die möglicherweise größeren Raubfischen (Konsumenten 3. Ordnung) zum naturgewollten Opfer fallen. Konsumenten 4. Ordnung und vorläufige Endglieder dieser Nahrungskette könnten noch größere Räuber sein: Großraubfisch (dann bleiben Kreislauf- und Nahrungskettenbeispiel im Wasser), oder

fischfressende Beutegreifer anderer Wirbeltierklassen könnten sich anschließen. Beispiele für letztere wären u.a. Vögel (Reiher, Kormorane), Reptilien (z.B. Krokodile) oder fischverzehrende Säuger von der (Raub-)Katze bis zum Menschen. Damit wäre der Fortgang des Kreislaufs zunächst außerhalb des Wassers zu suchen. Aber da auf unserer Erde eben auch Wasser unabdingbar ist, landet letztlich doch wieder alles im feuchten Milieu. Betrachten wir also die weiteren Stufen nach den Produzenten und Konsumenten: Denn ob der Großraubfisch, von Altersschwäche dahingerafft, auf dem Gewässergrund landet, ob Kormoran oder Krokodil ihren Kot ins Wasser abgeben oder der größte Räuber der Welt, der Mensch, seine organischen Abfälle via Kläranlage in Fließgewässer hinein entsorgt, ob Kadaver verendeter Tiere aller Konsumentenstufen anfallen oder aber menschliche Leichen nach der Bestattung:
Immer steht die an Einzelindividuen reichste Gruppe der Abbauer, fachlich "Destruenten" genannt, nur allzu gern bereit, nun ihr substanzzerstörendes Werk zu vollenden. So brutal dies klingen mag, so segensreich ist die Tätigkeit dieses Milliardenheers der kleinen und kleinsten "Tote-organische-Substanz-Fresser", also der Detritus-Verwerter. Am Ende dieser abbauenden Nahrungsnetze stehen, ob im natürlichen Gewässer, im Erdboden oder in künstlichen Systemen wie Komposthäufen und Aquarien/Gartenteichen immer die Bakterien. Ihre Massen sorgen gemeinsam mit vorgeschalteten anderen Destruenten dafür, daß der Kreislauf organischer Substanz geschlossen wird und wir höheren Lebewesen nicht in Abfällen und toten Artgenossen ersticken:
Immer ist die Mineralisierung, der so weit gehende Abbau ehemals lebender Materie, daß nur einfache chemische Verbindungen oder gar einzelne Elemente übrigbleiben, das stets erreichte Ziel der bakteriellen Destruenten. Ob tote Organismen direkt oder die Ausscheidungen, also Abfälle noch lebender Vertreter abgebaut werden, ist für dieses Entsorgungskonzept der Natur unerheblich.
Allein entscheidend ist, daß die Abbauprodukte aus der sogenannten Mineralisation nun wieder als Nährstoffe für neue Produzenten (Pflanzen an Land und im Wasser) zur Verfügung stehen. Aus Um- und Abbau kann so wieder Aufbau werden.
Innerhalb dieses großen Ernährungs- und Nährstoffkreislaufs sind Nahrungsnetze eingebettet, die aus teils kompliziert verdrahteten Nahrungsketten bestehen.
Aquarianer und Gartenteichbesitzer imitieren Natur auf kleinstem Raum und im Idealfall kombinieren sie auch das Vorhandensein aller drei Kreislaufmitglieder: Produzenten, Konsumenten und Destruenten finden sich auch in von Menschenhand geschaffenen Systemen. Nur können sie aus Platz- und Zeitgründen eben niemals exakt dem Naturvorbild entsprechen.

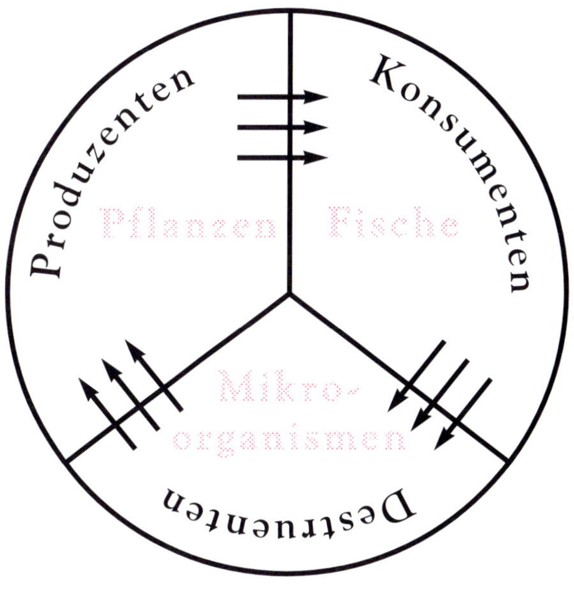

Stoffkreislauf im Wasser

Gerade beim Konsumieren, dem fressen und gefressen werden, muß der Mensch regelnd eingreifen. Da die fischigen Konsumenten dabei seine bevorzugten Beobachtungs- und Haltungsobjekte sind, stehen sie versorgungsmäßig klar im Vordergrund. Algen als Produzenten sind zwar natürlich, aber unbeliebt und Destruenten (Filterbakterien!) nur allzu häufig überfordert, kurz: Nahrungsketten "drinnen" funktionieren nicht oder doch nur in engen, stark gesteuerten Teilbereichen. Nur wer bereit ist, diese grundsätzliche Unzulänglichkeit der Natur hinter Glas oder im Teich zu akzeptieren, wird Erfolg in der Aquaristik/beim Hobby Gartenteich im allgemeinen oder der gezielten Ernährung seiner Pfleglinge im Speziellen haben.

Foto: bede-Verlag

TIERERNÄHRUNGSLEHRE FÜR ZIERFISCHFREUNDE

Kein "Buch mit sieben Siegeln"

Eine Wissenschaft für sich?

Die Tierernährungslehre in ihren Grundregeln muß keinem Interessierten verschlossen bleiben, ein Buch mit sieben Siegeln ist sie nur bei entsprechender Darstellung. Natürlich ist sie eine eigenständige Wissenschaft der angewandten Biologie und da sie aus der Notwendigkeit der Erforschung landwirtschaftlicher Nutztierernährung geboren wurde, wird sie meist an Agrarfakuläten gelehrt und beforscht. Tierärztliche Hochschulen befassen sich in der breiten veterinärmedizinischen Ausbildung meist zu wenig damit, einige rühmliche Ausnahmen sind die wenigen Fachtierärzte für Ernährung, welche die allgemeine Regel bestätigen.

Dies ändert sich zunehmend und auch Zoologen und die an Funktionen von Organismen arbeitenden Biologen, genannt Physiologen, interessieren sich vermehrt auch für Ernährungsvorgänge. So entstand ja die Ernährungsphysiologie, die als Lehre von Lebensvorgängen und Ablaufmechanismen in biologischen Systemen erklärt und deutet, wie nach der Nahrungsaufnahme deren Um- und Abbau und die weitere Verwertung im Körper funktioniert. Praktisch alle gängigen Nutztiere und viele Heimtierarten, die von Labor- und Versuchstieren stammen (Kleinsäuger wie Nagetiere) sowie Hund und Katze gelten tierernährerisch als gut erfaßt. Man kennt Bedarfswerte und art- sowie leistungsgerechte Ansprüche der einzelnen Spezies und ihrer Lebensabschnitte vom Jung- bis zum Alttier.

Ganz anders sieht es dagegen bei vielen Vogel- und den meisten Fischarten aus. Gerade bezüglich letzterer tappen wir doch noch sehr im Dunkeln und - im Vorwort klang es bereits an - wir können einstweilen nur gewaltige Wissenslücken dokumentieren. Konkrete Versuche zu Bedarfsermittlungen über die einzelnen Nähr- und Wirkstoffe im Futter existieren fast nur bei so bekannten Nutzfischen wie Karpfen, Lachsen, Forellen und einigen wirtschaftlich durch die Aquakultur für menschlichen Verzehr bedeutenden Buntbarsch- und Welsarten (*Tilapien* sowie *Ictalurus* und *Clarias spec.*).

Von diesen dort zu findenden Angaben kann man sicher einiges auf verwandte Zierfischarten oder solche mit ähnlichen Biotopansprüchen und Lebensgewohnheiten übertragen, wie es die Vogelliebhaber mit Teilergebnissen der Geflügelernährungsforschung ja auch tun.

Doch sei davor gewarnt, dies bei mehr als nur allgemein gültigen Parametern und Grundsatzfragen zu tun. Hier bedarf es unbedingt einzelartlicher oder wenigstens gruppenspezifischer Untersuchungsansätze.

Aufbauend auf empirischen Erfassungen der jeweiligen Nahrungsgewohnheiten "vor Ort", die relativ reichlich vorliegen, hat zunächst eine Klassifizierung des Ernährungstyps zu erfolgen. Übergänge und Zwischenstufen sind zu dokumentieren, eine Angabe, die leider noch in zu vielen Fach- und Sachbüchern fehlt, jedoch eine artgerechte Ernährung überhaupt erst ermöglicht.

Verkompliziert werden ernährungsphysiologische Untersuchungen am Fischvolk durch die Tatsache des Wassers als unabdingbares Lebensmedium. Die stofflichen Austauschvorgänge über Haut und Kiemen sind nicht eben unerheblich. Landwirbeltiere werden üblicherweise in sogenannten Stoffwechselkammern untersucht oder - vereinfacht - in Stoffwechselkäfigen, die eine praktisch lückenlose Kot- und Urinsammlung zu Restwert-Messungszwecken zulassen. Derartige Einrichtungen für fischige Testtiere sind weder einfach noch billig. Auch durch wasserlösliche Bestandteile aus verabreichtem Nah-

rungsmaterial oder eventuellen Futterresten werden Untersuchungsergebnisse allzu leicht verzerrt oder verfälscht.
Es liegen jedoch zumindest übereinstimmende Bedarfsschätzungen für die drei Grobtypen der Ernährungsweisen - Herbi-, Omni- und Faunivore - bezüglich der Hauptnährstoffe vor und nur darauf können und werden wir aufbauen.

Wichtige Stoffe: Wasser und Energie

Wasser ist zweifelsohne ein "Stoff" und auf das wichtige Molekül H_2O (aus zwei Wasserstoffatomen und einem Sauerstoffatom) werden wir gleich noch zu sprechen kommen. Energie dagegen ist selbst eigentlich kein Stoff, sondern entsteht oder wird gebildet bzw. gewonnen aus stofflichen Umsetzungen. Energie steckt in bestimmten "Stoffen", was die Kapitelüberschrift dann doch rechtfertigt. Als Grundlage von Futtermengen und -verwertungen kommt dem Begriff "Energie" in der Tierernährungslehre eine zentrale Bedeutung zu:
Alle Tiere fressen, um zu leben. Und Leben heißt Energieverbrauch und deshalb nehmen Lebewesen in erster Linie Nahrung auf, um ihren Energiebedarf zu decken. Dieser Energiebedarf kann sehr unterschiedlich sein und er richtet sich nach vielen Gegebenheiten. Jeder Organismus hat dabei zunächst einmal einen Grundbedarf, der ohne die Entfaltung irgendeiner Aktivität zum Aufrechterhalten der Körperfunktionen stets vorhanden ist. Man spricht vom Erhaltungsbedarf an Energie.
Atmung, Herzschlag mit Blutkreislauf und viele innere Prozeße, die auch bei absoluter Ruhe ablaufen, wollen aus dem Erhaltungsbedarf bestritten sein. Bei den gleichwarmen (homoiothermen) Wirbeltieren - Vögeln und Säugern - kommt hier noch die Funktion des ständigen Haltens einer bestimmten Körpertemperatur hinzu. Ein nicht unerheblicher Teil des Energiebedarfs im Erhaltungsstoffwechsel wird von diesen Tieren und vom Menschen darauf verwendet: Bei Kälte muß der Stoffwechsel "einheizen", um die Solltemperatur zu halten. Bei drohender Überhitzung wird Energie "verbrannt", um die Kühlprozeße zu fördern. Klar, daß bei Körperheizmaßnahmen wie Muskelzittern, Aufplustern, passenden Blutgefäßveränderungen und Angriff auf die Fettreserven Energie verbraucht wird. Aber auch für die Kühlung durch Schwitzen, Hecheln und beschleunigten Bluttransport wird im Erhaltungsbedarf bei Hitze mehr Energie gebraucht als bei der Optimaltemperatur. Für Fische - wie für alle wechselwarme Tiere (Poikilotherme) - entfällt dieser energetische Aufwand des Erhaltungsstoffwechsels. Ihre Körpertemperatur entspricht ja in etwa der der Umgebung. Eine artgerechte Unterbringung bei jeweiliger Optimaltemperatur ist dennoch ein Beitrag zur gesunden Ernährung: Verdauung und Verwertung sind schließlich an diesen - oft recht engen - Temperaturbereich ideal angepaßt und verlaufen nur innerhalb seiner Grenzen wirklich sicher für die "Kaltblüter".
Alles, was über den Erhaltungsbedarf bei absoluter Ruhe hinausgeht, entspricht schon einer körperlichen Leistung. Und für jede Aktivität wird schon etwas mehr an Energie benötigt, die aus dem Futter zu decken ist. Der Begriff "Leistung" ist dabei recht relativ, vor allem ist er in der Ernährungslehre ein anderer als im sportlichen oder arbeitsmäßigen Sinn. So fanden Tierernährer heraus, daß ein stehender Hund innerhalb eines vorgegebenen Zeitraums etwa 40 % mehr Energie umsetzt als ein liegender Hund in der gleichen Zeit! Was für die Tierernährungslehre schon einen gehörigen Mehrbedarf bedingt, würde im Alltag nicht einmal als Aktivität angesprochen, geschweige denn als Leistung. Jede Form der Muskelarbeit bedeutet für die angepaßte Fütterung eine Leistungssteigerung, die energetisch nachvollzogen werden muß. Dennoch wird zur Bestimmung der richtigen Futtermenge pro Tier und Tag von Praktikern der Tierernährung folgende Vereinfachung als zulässig erachtet: Genau wie im Erhaltungsstoffwechsel (wissenschaftlich korrekt nur dort) ist auch bei "normaler Aktivität" das wichtigste Kriterium für richtige Energiezufuhr die Konstanthaltung des Körpergewichts. Dies gilt selbstverständlich nur für voll ausgewachsene Wirbeltiere und will heißen: Was "normale Aktivität"

Auch beim Tümpeln oder Schlamm-Absaugen kann man Futter erbeuten.

ist, sagen uns ein gesunder Menschen- und Tierverstand sowie das Wissen um artgemäße Bewegung bzw. die Erfahrungen zu optimaler Unterbringung. Man füttert dann richtig, wenn bei eben diesen normalen Aktivitätsentfaltungen weder Zunoch Abnahme der Lebendmasse unserer erwachsenen Pfleglinge zu registrieren sind.

Soweit die Theorie, die immer dann gilt, wenn weder wachstums- und altersbedingte Zunahmen normal sind noch Mast (d.h. laufende Zunahmen mit der Schlachtung als Ziel) erwünscht ist. Und sicher will niemand seine Zierfische mästen. Schwierig wird es bei Fischen, die sich einfachen Kontrollmessungen durch ihr Wasserleben entziehen, mit der Übertragung dieser Theorie in die Praxis. Wer kann und möchte schon seine Aquarien- und Gartenteichbewohner regelmäßig wiegen?

Abgesehen davon, daß wiederholter Fang und Wägung bzw. Vermessung sicher eine Belastung für Fische darstellen können, fehlt den so gewonnenen Daten außer dem internen Bestandsvergleich jede Aussagekraft. Denn nirgends sind sogenannte "Normalwerte" dokumentiert: Angaben zu "Idealgewichten" von Zierfischen existieren praktisch nicht!

Logische Folge: So unwissenschaftlich dies zwangsläufig sein mag, aber die energetische Optimalversorgung von Fischen unter Praxisbedingungen des Alltags trifft man nur mit Augenmaß und Fingerspitzengefühl. Leider gehört Überernährung - also zu fette, übergewichtige Fische - noch in das regelmäßige Befundsfeld der Fischgesundheitsdienste oder anderer Veterinäre, die auch Zierfischbestände betreuen. Verfettung, die leider nicht immer von außen ersichtlich ist, sondern sich allein innerhalb der Leibeshöhle (Leber etc.) abspielen kann, ist jedoch eindeutiges Zeichen für eine Versorgung mit zuviel Energie. Später bei den Nährstoffgruppen werden wir darauf zurückkommen.

Nun aber zum Wasser:

Es ist ja für Fische der normale Lebensraum und das Umgebungsmedium schlechthin, seine Notwendigkeit und Wichtigkeit braucht daher nicht eigens betont zu werden. Auch im Körperinnern wird es als "Gewebswasser", Zellflüssigkeit und Lösungsmittel für zahlreiche stoffliche Transportvorgänge gebraucht. Bei anderen Wirbeltieren und dem Menschen gelangt es durch Flüssigkeitsaufnahme, sprich: Trinken dorthin. Wie aber ist das bei Fischen? Saufen sie sozusagen ihre Umgebung? Grob vereinfacht lautet die vielleicht etwas verblüffende Antwort: Meeresfische trinken reichlich, Süßwasserfische praktisch nichts, wenn man Trinken als Wasseraufnahme durch das Maul definiert. Die Erklärung ist biochemisch-physikalischer Natur: Sie hat mit dem Bestreben aller flüssigkeitsenthaltender, nicht komplett abgeschlossener Systeme innerhalb anderer Flüssigkeiten zu tun, einen Konzentrationsausgleich zwischen allen gelösten Stoffen im System und seiner nassen Umgebung zu erzielen. (Für naturwissenschaftlich Interessierte heißen die Stichworte zum vertieften Nachschlagen dieser Vorgänge "Diffusion; Osmose an Membranen".)

Das Meer ist ja salzig und es enthält viel mehr wasserlösliche Stoffe, als innerhalb des Körpers von Meeresfischen zu finden sind. Deshalb wandert ständig Wasser aus dem Fischkörper aus, was Meeresfische zum Überleben durch ständiges Trinken ausgleichen müssen. Die Kiemen und ein durch die Nierenleistung sehr konzentrierter Urin in nur kleinen Mengen scheiden das dabei automatisch zuviel

aufgenommene Salz wieder aus.
Bei Süßwasserfischen ist es genau umgekehrt: Das Umgebungswasser dringt dauernd über die sehr wasserdurchlässige Körperoberfläche in die "stofflich recht konzentrierten Fische" ein. Sie brauchen also nichts Trinken, sondern müssen vielmehr das Überschußwasser, welches sie ständig "innerlich zu verdünnen" droht, durch große Urinmengen geringer Konzentration permanent ausscheiden. Wenn bei der Futteraufnahme ab und zu ein kleiner Schluck Wasser via Maul direkt in den Magen-Darm-Kanal gerät, ist dies bei Süßwasserfischen ein eher unerwünschter Zufallsbefund.
Wanderfische zwischen den süßen und salzigen Wasserwelten wechseln entwicklungsbiologisch diese Mechanismen des Konzentrationsausgleichs. Bei Brackwasserarten findet man entsprechende Zwischenstufen oder es sind großzügige Auslegungen der Wasser-Salz-Regelung gegeben.
Jede Änderung an den Haltungsbedingungen führt als Fazit dieses Kapitels zu Änderungen des Energiebedarfs und einer Erfordernis zur Anpassung der Konzentrationsregelmechanismen im Wasserhaushalt des Fischkörpers. Beides wird durch die Fütterung nicht unerheblich beeinflußt, worauf in dem späteren Kapitel "Abfallstoffe und Wasserbelastung" nochmal einzugehen sein wird.

Nähr- und Wirkstoffgruppen und ihre Funktion

Jedes Futter hat eine ihm eigene stoffliche Zusammensetzung, die sich durch chemische Analysemethoden quantitativ (Menge) und qualitativ (Art der Stoffe) bestimmen läßt. Neben der sozusagen verschlüsselt enthaltenen Energie und dem Wasser, das sich als Restfeuchtigkeit auch in Trockenfuttern bis zur Gesamtmenge von maximal 14 % findet, interessieren uns hier zunächst die sogenannten Rohnährstoffe. "Roh" heißen sie und ihre gleich zu besprechenden Einzelvertreter deshalb, weil auch ihre Analytik lediglich einen allgemeingültigen, eben relativ rohen Wert ohne Detailaussage zu tatsächlichen Nähreigenschaften für die einzelne Tierart oder gar das Individuum zu Tage fördert. Die Um- und Abbaumechanismen der Rohnährstoffe Eiweiß (Rohprotein), Fett (Rohfett), Kohlenhydrate (stickstofffreie Extraktstoffe im wesentlichen) und der Wirkstoffgruppen der Mineralien und Spurenelemente (Rohasche) sowie Rohfaser sind jedoch bei Wirbeltieren grob vergleichbar. Auch die prinzipielle Wirkungsweise im Organismus unterscheidet sich nur wenig, eine Ausnahme bildet die Rohfaser (siehe unten). Beginnen wir mit den wichtigsten Bausteinen aller tierischen Organismen, den Proteinen oder Eiweißstoffen.

Rohstoffe und Halbfabrikate

Proteine sind nichts anderes als eine Aneinanderreihung, Verkettung und dabei auch noch dreidimensionale Vernetzung exakt festgelegter Reihenfolgen von einzelnen Aminosäuren. Die Biochemie kennt inzwischen über 20 dieser Eiweißbausteine und derzeit müssen wir davon ausgehen, daß 12 dieser Aminosäuren für Fische essentiell sind. Der Begriff "essentiell" wird uns später noch einmal begegnen. Er bedeutet, daß die so bezeichneten Stoffe als zum einen absolut unentbehrliche Substanzen gelten und zum anderen als solche, die nicht irgendwo selbst im Organismus aus Um- oder Abbauvorgängen selbst aufgebaut werden können. Besonders diese essentiellen Aminosäuren müssen im Fischfutter-Proteinanteil nicht nur jede für sich in ausreichender Menge, sondern alle auch in einem bestimmten Verhältnis zueinander enthalten sein. Für alle Rohnährstoffe gilt, daß sie im Zielorganismus auch genau zu den Bestandteilen abgebaut werden, aus denen sie naturgemäß aufgebaut sind. Hinsichtlich der Eiweiße heißt dies, daß jedes Tier versuchen wird, aus Nahrungsprotein so gut und so viel wie möglich körpereigenes Eiweiß aufzubauen. Gelingt dies in hohem Maße spricht man von sehr gut verdaulichem Eiweißanteil innhalb der Rohproteinfraktion. Je eher ein Protein bzw. viele verschiedene Eiweißquellen innerhalb eines Futters der Eiweißzusammensetzung des damit versorgten Tieres entspricht, umso besser verdaulich, also verwertbar wird es für das entsprechende Tier sein. Die Natur erfüllt diese Anforderungen in geradezu idealer Weise, indem sich natürliche Futtergrundlagen und dazu passende Organismen in jahrmillionenlanger Entwicklung parallel abgestimmt haben. Mit der Gabe gemischter und damit vielfältig zusammengesetzter Lebend- und Frostfuttersorten imitieren wir diesbezüglich die Naturvorgaben. Die Trockenfutterhersteller versuchen dies in gleicher Weise durch die passende Auswahl geschickt kombinierter "Eiweißlieferanten". Kein einziger Rohstoff enthält jedoch alle essentiellen Aminosäuren in der richtigen Menge und Qualität. Eine Komposition unterschiedlicher Zutaten muß diese Lücken der Rohstoffeinzelgehalte an Proteinen füllen. Wo wird nun Protein im Fischkörper gebraucht?

Früher hat man häufig die Eiweiße nur als Aufbaustoffe gesehen, die nur der jugendlichen, also im Wachstum befindlichen Kreatur dienen. Dabei ist lediglich richtig, daß heranwachsende Organismen mehr Protein benötigen als ausgewachsene. Aber auch in letzteren finden ständig Neubildungen organischer Art statt, die der Aufbausubstanz "Protein" bedürfen, etwa die ständige Erneuerung von Körperflüssigkeiten und Verdauungssäften(Blut, Lymphe, diverse Sekrete), Boten- und Hilfsstoffen (Exkrete, Hormone, Enzyme), Nachschub an Haut-, Schleimhaut- und Schuppensubstanzen sowie der Ersatz dem natürlichen Verschleiß unterliegender Gewebe. Auch das Auskurieren innerer und äußerer Verletzungen verbraucht ebenso laufend Proteine wie die permanente Erneuerung von Darmzellen, die - abgeschilfert vom Nahrungsbrei - mit dem Kot ausgeschieden werden. Letztlich ist bei Fischen auch ein Stoffwechselweg eher normal und üblich, der in der Ernährung von Warmblütern als ungewollte Verschwendung gilt: Bei Kaltblütern ist Protein neben Fett und Kohlenhydraten (siehe unten) eine normalerweise mitgenutzte Energiequelle zur Teilverbrennung etwa bei Bewegungsprozessen.

Bei Fischen mit Magen beginnt die Eiweißverdauung eben dort und zwar wie bei höheren Wirbeltieren durch die Einwirkung von in Spezialzellen erzeugter Salzsäure. Erste Enzyme zerlegen die Proteine in etwas kürzerkettige Bestandteile, bei magenlosen Fischen beginnt dies gleich im ersten Darmabschnitt. Im Zuge der weiteren Verdauung werden sowohl von der Bauchspeicheldrüse als auch vom Darm immer mehr proteinspaltende Enzyme zum Nahrungsbrei gegeben. Aus der dreidimensionalen Proteinstruktur werden nach und nach Peptidketten, immer kürzere, aus nur wenigen Aminosäuren bestehenden Peptide und schließlich die einzelnen Aminosäuren. Nur sie können durch die Darmwand hindurch geschleust und den Körperflüssigkeiten zum Weitertransport an die Zielsysteme übergeben werden.

Fette oder Lipide bilden gemeinsam mit fettähnlichen Substanzen (Lipoide) die stoffliche Futterfraktion des Rohfettes. Fette stellen in erster Linie eine einerseits gut erreichbare und andererseits speicherfähige Energiequelle dar. Daneben üben sie einen günstigen Einfluß auf die Futterverwertung und damit auf das Wachstum aus. "Öl" ist die landläufige Bezeichnung für Fette, welche bei Raumtemperatur flüssig sind, es gehört damit zu den Lipiden im eigentlichen Sinn. Jedes Fett ist aus Fettsäuren aufgebaut, von denen wieder einige als essentiell gelten müssen. Daher ist bei der Futterzusammensetzung neben der Fettmenge auch dessen Qualität ganz entscheidend für eine gute Verdaulichkeit im Fisch. Neben der Verbrennung zu energetischen Zwecken haben einzelne Fettsäuren auch noch gezielte Einzelfunktionen an verschiedenen Stellen der Organsysteme (Fettneusynthe-

Trockenfische, daneben Fischmehl, getrocknete Garnelen und Garnelenschrot

se, Wachstums- und Heilungsstimulans, Transportfunktionen, Augen- und Nerventätigkeit, Färbung). Für Bindung und Verwertung der fettlöslichen Vitamine (siehe Zusatzstoffe) sind Lipide unabdingbar. Hier und bei den anderen Fettfunktionen stehen die allesamt essentiellen sogenannten ungesättigten Fettsäuren im Vordergrund. Dieser Begriff kennzeichnet Fettbausteine einer ganz bestimmten chemischen Struktur. Eine exakt definierte Kettenlänge und viele freie, reaktionsfreudige Bindungsstellen charakterisieren diese wichtigen Stoffe. Generell sind nur solche Fette für die Fischernährung geeignet, die bei der optimalen Haltungstemperatur der betreffenden Fischarten in flüssigem Zustand vorliegen. Damit scheidet z.B. Rindertalg als Fettquelle weitgehend aus (nur fettarmes Rinderherz und mageres Muskelfleisch werden benutzt), Fischöl dagegen ist ein idealer Lipidträger. Auch einige pflanzliche Öle und Lebertran fanden als geeignete Rohstoffe Eingang in Fischfutterrezepturen.

Die Stoffgruppen der Zuckerarten und ihre Verbindungen bilden die sogenannten Kohlenhydrate. Sie sind bis auf das Glykogen (Speichersubstanz der Wirbeltierleber) alle pflanzlichen Ursprungs. Die komplexesten Kohlenhydrate sind Stärke und Cellulose. Komplex deshalb, weil sie aus Zuckerbausteinen aufgebaut sind, die sehr langkettig und ebenfalls wieder dreidimensional vernetzt und zudem chemisch sehr fest miteinander verbunden sind. Bei der Cellulose und verwandten Stoffen ist dieser Verbund so fest und charakteristisch, daß er mit einer eigenen Analysenmethode von den übrigen Kohlenhydraten ablös- und darstellbar ist. Die so gewonnene Gruppe heißt dann "Rohfaser" und wird gleich noch kurz zu betrachten sein. Biochemisch ist Rohfaser aber in jedem Fall eine Untergruppe der Kohlenhydrate. Alle Nicht-Faserbestandteile davon werden auch als stickstofffreie Extraktstoffe benannt und in einem Futter selten einzeln analysiert, sondern in ihrer Summe berechnet. Die Erläuterungen zu den Rohnährstofftabellen im Anhang werden dies erklären. Die Stärke als stabiles Zuckernetzwerk kann nur von wenigen pflanzenfressenden Fischarten verwertet werden. Allen anderen hilft die Natur durch Vorverdauung in Beuteorganismen oder man kann Stärke technisch fischverfügbar oder teilverdaulich machen, wozu unter der speziellen Futtermittelkunde noch einige Ausführungen folgen werden. Ansonsten muß Fischnahrung einfacher zusammengesetzte Kohlenhydrate enthalten, wobei man je nach Anzahl der enthaltenen Zuckermoleküle von Monosacchariden (Einfachzucker), Disacchariden (Zweifachzucker, z.B. unser Rüben- oder Rohrzucker) oder Oligosacchariden (drei- bis sechs Monosaccharidmoleküle) spricht. In diese Ausgangsformen, im Idealfall bis hinab zum Einfachzucker, werden Kohlenhydrate im Organismus durch die Verdauungsfunktionen zerlegt. Auch dies geschieht wie bei Proteinen und Fetten mit Hilfe darauf spezialisierter Enzyme. Kohlenhydrate dienen vornehmlich energetischen Zwecken und zwar als Kurzzeit-Energiequellen. Überschüße können aber zur Fettsynthese Verwendung finden und damit indirekt zu folgenschwerer Überernährung beitragen. Andererseits liefern sie Teile des Grundgerüsts der nicht essentiellen Aminosäuren.

Die sogenannte Rohasche ist rein mineralischer Natur und sie heißt deshalb so, weil sie bei ihrer analytischen Bestimmung tatsächlich durch Hochtemperaturverbrennung von Futterproben ermittelt wird.

Nachdem man im Muffelofen zunächst das Wasser verdampft und danach jegliche organische Substanz zum Schornstein hinausgejagt hat, bleiben als Asche dieses Verbrennungsprozesses jenseits der 500° C nur alle Mineralien übrig. Je nach Bedarfsgrößenordnung im Körper unterteilt man sie in Mengen- und Spurenelemente. Letztere erscheinen wieder bei den Zusatzstoffen. Von den mineralischen Mengenelementen werden auch im Fisch wie bei anderen Wirbeltieren höhere Anteile gebraucht und der Rohasche des Futters entzogen.
Dies geht bis in den Prozentbereich hinein, während Spurenelemente nur in mg/kg oder noch weniger von Nöten sind. Calcium und Phosphor sind wichtige Mengenelemente für die Knochen- und Zahnbildung, Kalium und Natrium spielen eine Rolle im Nervengeschehen (Reizleitung). Magnesium wird im Stoffwechsel u. a. für bestimmte Enzyme und bei Nahrungsumbauvorgängen gebraucht, Chlor (in Zusammenarbeit mit Natrium) ist für den Wasserhaushalt von Bedeutung. Auch Schwefel ist als Bestandteil der Aminosäuren Methionin und Cystein unabdingbar. Zur Aufrechterhaltung ihres Mineralstoffhaushaltes haben Fische einen gewaltigen Vorteil:
Neben dem Gewinn aus der Nahrung können sie viele Asche-Elemente direkt dem Wasser entnehmen. Leider müssen unsere Kenntnisse über den exakten Mineralstoffbedarf im Einzelnen bei Fischen bisher noch als lückenhaft angesehen werden, zumal auch hier wie bei den anderen Nährstoffen auch die Verhältnisse der einzelnen Bestandteile zueinander eine wichtige Rolle spielen.
Rohfaser wurde als spezielle Kohlenhydratfraktion bereits vorgestellt. Im Reich der höheren Tiere sind diese Faserstoffe pflanzlicher Natur nur von Pflanzenfressern mit darauf spezialisierter Mikroflora des Verdauungstraktes verwertbar. Auch unter den Fischen gibt es Vertreter, die nicht nur zu einer Celluloseverwertung fähig sind, sondern sogar diesen wesentlichen Teil der Rohfaser unbedingt brauchen. So ist von einigen Welsarten bekannt, daß sie zum Überleben unbedingt Holz raspeln müssen. Ob ihnen dabei nur das Zellwandkohlenhydrat Cellulose von Nutzen ist oder sie die ebenfalls zur Rohfaser gerechneten weiteren Gerüstsubstanzen (z.B. Lignin und Pentosane) unbedingt brauchen, ist ungewiß. Bei allen Fischen jedoch reguliert der Rohfaseranteil im Futter als Ballaststoff die Passagezeit des Nahrungsbreies durch den Magen-Darm-Kanal. Neben dem Einfluß auf die für die Verdauung verfügbare Aufenthaltsdauer aller Futtersubstanzen im Körper sagt man der Rohfaser auch eine darmpflegende Wirkung zu. Reibungseffekte erleichtern den Abtransport verbrauchter Darmzellen. Auch dieses Kapitel der Ernährungslehre ist von der Forschung bei weitem noch nicht abschließend behandelt. Selbst bei faunivoren Organismen gibt es nämlich im Dickdarm bakterielle Gärungen zwar relativ geringen, dafür aber umso effektiveren Umfangs. Je nach der spezifischen Zusammensetzung und der sich daraus ergebenden prinzipiellen Gärfähigkeit unterschiedlicher Rohfaserquellen in Fertigfuttern ergaben sich z.B. bei Hunden recht überraschende Ergebnisse hinsichtlich der direkten Ernährung von Darmzellen durch bakterielle aus Rohfaser erzeugte kurzkettige Fettsäuren! Vielleicht werden diese Erkenntnisse einmal in der vorbeugenden Gesundheitspflege durch optimale Ernährung auch bei einzelnen Fischarten eine Rolle spielen. Womöglich gehen viele der unspezifischen Darmentzündungen, wie sie z.B. bei Diskusfischen recht häufig registriert werden, nicht nur auf falsche Ballaststoffmengen sondern auch auf nicht optimale Rohfaserqualitäten zurück.
Die Gerüstsubstanz der Insekten und vieler Kleinkrebse, das schwerverdauliche Chitin, ist zwar eine Art Kohlenhydrat, wird aber den Ballast- und Rohfaserteilen der Nahrung zugesprochen. Das folgende Kapitel ist den Wirkstoffen gewidmet, die keinen direkten Ernährungswert durch Zerlegung in ihre Bausteine haben und die deshalb keine Nährstoffe an sich, aber gleichermaßen funktionell unabdingbar sind. Fertigfutterprodukten werden sie meist zugesetzt.

Was sind eigentlich Zusatzstoffe?

Viele Futtermittel aus industrieller Fertigung enthalten sogenannte Zusatzstoffe. Die nicht unumstrittene Thematik ist gleichzeitig ein häufig ohne Sachkunde diskutiertes "heißes Eisen" bei zahlreichen Fischbesitzern und Anlaß für viele Fragen an Händler oder Hersteller.
Das Futtermittelrecht mit seinen Instrumenten Futtermittelgesetz und Futtermittelverordnung trifft klare und eindeutige Regelungen zu sämtlichen

Futterzubereitungen, Rohstoffe und Halbfabrikate

Inhaltsstoffen in Tiernahrung. Bedenkt man, daß sich seine Notwendigkeit von der Nutztierernährung herleitet, deren Erzeugnisse (Fleisch, Milch, Eier) den Menschen als letztes Glied der Nahrungskette zum Ziel haben, erklärt sich leicht, daß viele Bestimmungen schärfer sind als die des Lebensmittelrechts. Auch dort kennt man Zusatzstoffe, und das Bundesministerium für Jugend, Familie und Gesundheit sah sich schon 1978 genötigt, dazu eine Presseerklärung abzugeben. In übertragener Form lassen sich deren Inhalte auch für Futtermittelzusätze anwenden:
Jeder einzelne dieser Stoffe und seine Zulassung in bestimmten Futtermitteln sind auf die gesundheitliche Unbedenklichkeit und die technologische Notwendigkeit sorgfältig geprüft. Es wäre falsch, die Zusatzstoffe undifferenziert als "Chemie im Futternapf" abzuqualifizieren; viele davon sind keineswegs "Chemikalien", sondern Inhaltsstoffe natürlicher Produkte.
Futtermittelrechtlich sind Zusatzstoffe "Stoffe, die dazu bestimmt sind, Futtermitteln zur Beeinflußung ihrer Beschaffenheit oder zur Erzielung bestimmter Eigenschaften oder Wirkungen, insbesondere zur Beeinflußung von Aussehen, Geruch, Geschmack, Konsistenz oder Haltbarkeit, zu sonstigen technologischen Zwecken oder aus ernährungsphysiologischen oder diätetischen Gründen, zugesetzt zu werden".
Zusatzstoffe sind wie gesagt selbst keine Lebens- oder Futtermittel mit direktem Nährwert, werden aber durch ihre - übrigens streng kontrollierte - Verwendung direkt oder indirekt zu Bestandteilen davon.
Zusatzstoffe dienen stets der Qualitätssicherung, Vorratspflege und/oder Produktverbesserung. Dies kann für das zu fütternde Tier direkt sein, oder aber sie kommen ihm indirekt zugute, indem jeweils ganz Zusatzstoff-spezifisch bestimmte Bedürfnisse der Tierhalter, des Handels oder der Hersteller an ein Futter befriedigt werden. Einige Beispiele mögen dies verdeutlichen:
Vitamine und Spurenelemente werden als Wirkstoffe im Tier direkt genutzt; der Tierbesitzer wünscht, daß Futtermittel von ansprechender Optik von seinem Liebling auch gern genommen werden, hierzu sind Pigmente und Aromen anzusprechen; der Handel will haltbares und lagerfähiges Futter mit Schutz vor äußeren Einflüssen, weshalb man zu Konservierungsstoffen und Antioxidantien greifen kann. Der Hersteller fordert schon für den Produktionsprozeß verschiedene Optimierungen hinsichtlich Rieselfähigkeit, Mischbarkeit, Bindung etc., wofür es auch entsprechende Hilfsstoffe gibt.
Alle Futtermittel-Zusatzstoffe werden nach Einsatzzweck und -wirkung in verschiedene Gruppen eingeteilt, um etwas Ordnung in die über 200 möglichen Stoffe und Verbindungen zu bringen. Die entsprechende Aufführung in der Futtermittelverord-

nung ist eine Positivliste, d.h. verwendet werden darf nur das, was dort mit genauen Spezifikationen auch genannt ist; andere Zusätze sind danach verboten. Viele Zusatzstoffe sind auch in Lebensmitteln, also für die menschliche Ernährung zugelassen. Die meisten von ihnen sind recht teure Komponenten, mit denen werkseitig sehr sorgfältig umgegangen wird. Der Gesetzgeber überwacht mittels der kontrollierenden Behörden die Herstellung, den Vertrieb und die Verarbeitung dieser Stoffe. Die Heimtiernahrungsmittel-Hersteller, also auch Fischfutterproduzenten, bemühen sich stets, die Aufwendungen so gering wie möglich, aber doch so hoch wie - für einwandfreie Wirkung - nötig zu halten. Denn es gilt bei der Verwendung von Zusatzstoffen die alte Bauernregel "Viel hilft viel", die vom Dünger kam, in gar keinem Fall.

Was womit passiert

Bezüglich der Rohnährstoffe Eiweiß (Proteine), Fett (Lipide) und Kohlenhydrate (stickstofffreie Extraktstoffe und Cellulose) wurden der Verdauungsweg mit Ab-, Um- und Einbauvorgängen in die entsprechenden Zielsysteme und ihre Funktionen im Fisch bereits erläutert. Unter den vorgenannten Zusatzstoffen sind die Vitamine und die Spurenelemente so wichtig, daß sie hier noch etwas genauer zu betrachten sind. Viele Stoffwechselfunktionen hängen von erfolgreicher Vermittlung durch diese Wirkstoffe ab oder sie werden als Reaktionsauslöser und -beschleuniger im Sinne von Biokatalysatoren gebraucht. Beginnen wir mit den Vitaminen, wobei die fettlöslichen A, D, E und K von allen übrigen, den wasserlöslichen, zu unterscheiden sind. Auf die wissenschaftlichen Namen und die vielen Trivialbezeichnungen wird hier verzichtet, um nicht allzuviel Verwirrung zu stiften.
Vitamin A (fettlöslich, sauerstoffempfindlich, recht wärmebeständig) wird nur im Tierreich gefunden (Leber), Pflanzen enthalten mit einigen der sogenannten Carotine und Carotinoide (Naturfarbstoffe) jedoch Vorstufen davon (Provitamin A). Im Vordergrund der Wirkung steht der Einfluß auf den Sehprozeß, Schleimhäute, Wachstumsverlauf, Knochenbildung und Fruchtbarkeit werden ebenfalls von Vitamin A beeinflußt.
Vitamin D (hitzebeständig, fettlöslich) in der Verbindung D_2 und D_3 entsteht in der Natur durch UV-Licht-Einwirkung aus entsprechenden Provitaminen. Es wirkt auf die Knochenmineralisierung durch die Regulation des Calcium- und Phosphorstoffwechsels.
Vitamin E (fettlöslich, hitzebeständig, sauerstoff- und lichtempfindlich) schützt Fette innerhalb des Körpers vor Abbauvorgängen, es kontrolliert Vermehrungsprozesse der Erbsubstanz (DNS) im Zellkern und wirkt beim Fett- und Kohlenhydratstoffwechsel mit. Über seine Beteiligung an Bildung und Ausschüttung der Sexualhormone ist Vitamin E eng an das Fortpflanzungs- und Fruchtbarkeitsgeschehen gebunden. Zu dem Spurenelement Selen besteht eine enge Beziehung.
Vitamin K (fettlöslich, licht- und sauerstoffempfindlich) beeinflußt die Blutgerinnung und entfaltet seine Wirksamkeit in der Leber. Es scheint nicht für alle Fische essentiell zu sein, zumal ein Großteil des Bedarfs von Mikroorganismen im Darm synthetisiert und gedeckt wird. Diese Vitamin K-Quelle fällt aber im Zuge von eventuell erforderlichen Antibiotika- und Sulfonamidgaben aus.
Die folgenden Vitamine sind alle wasserlöslich:
Vitamin B_1 (empfindlich beim Kochen, trocken aber hitzebeständig) wirkt auf die Nerven-, Herzmuskel- und Darmfunktion sowie im Kohlenhydrat- und Eiweißstoffwechsel.
Das Vitamin B_2 (hitzebeständig, lichtempfindlich) zielt auf zahlreiche Zwischenprodukte in den verschiedensten Nahrungsumsetzungsreaktionen, so daß eine zentrale Bedeutung im Gesamtstoffwechsel gegeben ist. Es ist gleichzeitig wachstumsfördernd und unterstützt die normale Augenfunktion.
Pantothensäure (empfindlich gegen trockene Hitze) wird für alle Verbrennungsvorgänge im Körper benötigt und es beugt Streßerscheinungen durch gute Anpassungsfähigkeit ausreichend versorgter Tiere vor. Bei Fischen scheinen die Kiemen (Schleimhaut, Funktion) ein zusätzliches Zielorgan zu sein.

Nicotinsäure oder Vitamin PP (hitzebeständig) ist ein wichtiger Enzymbestandteil, vor allem bei der Kohlenhydratverdauung. Ferner greift es regelnd in die Atmungsvorgänge ein.
Vitamin B_6 (lichtempfindlich) unterstützt als elementare Stoffwechselsubstanz den Abbau der Aminosäuren aus Proteinen.
Störungen bei Auf- und Umbau des Zelleiweißes wird vorgebeugt, da sonst u.a. nervöse Fehlleistungen und Mangelerscheinungen die Folge wären.
Biotin oder Vitamin H (licht- und hitzestabil) ist eine Schutzsubstanz der Haut und wird zum Teil im Fischdarm gebildet. Auch am Umsatz der Fett- und Aminosäuren ist es beteiligt.
Inosit gehört zu den Vitaminen des B-Komplexes im weiteren Sinne. Während Säugetiere es selbst aus Traubenzucker synthetisieren können, sind Fische auf Ernährungszufuhr angewiesen. Kohlenhydratstoffwechsel und ein wichtiger Einfluß auf den Lipidabbau sind wesentliche Wirkungen. Eine fettige Degeneration der Fischleber kann durch Inosit verhindert werden.
Folsäure, eigentlich sind es mehrere verwandte, lagerungsempfindliche Vitaminstoffe, beeinflußt die Blutbildung und viele Stoffwechsel-Teilschritte als Katalysator.
Vitamin B_{12} enthält das Spurenelement Cobalt und wird selbst nur in Spuren gebraucht, bezüglich der Fische weiß man sehr wenig zu dieser Verbindung. Als Unterstützer von Enzymen (Co-Enzym) und für die Blutneubildung scheint es unentbehrlich, kann jedoch von einigen Fischarten wohl ausreichend selbst gebildet werden.
Cholin (feuchtigkeitsempfindlich) hat enge Wechselbeziehungen mit Folsäuren und B_{12}. Cholin kann Teile der essentiellen Aminosäure Methionin ersetzen und es bewirkt als Fett-Wasser-Löslichkeitsvermittler den Abtransport von Futterfetten aus der Leber.
Schließlich ist noch Vitamin C (sauerstoff- und hitzeempfindlich) zu nennen, welches die meisten Tiere (außer Meerschweinchen, Affen und Menschen) aus Kohlenhydraten in der Leber bilden können. Dies ist jedoch nicht für alle Fische so, bei einigen diesbezüglich untersuchten Arten hat man da Zweifel. Ferner funktioniert der Eigenaufbau von Vitamin C nur bei ausreichender A- und E-Versorgung. Es schützt jedoch im Körper andere Vitamine vor negativem Sauerstoffeinfluß (Oxidation) und wird zum Aufbau bestimmter Hormone (Corticosteroide) gebraucht. Aus Infektions- und Stoffwechselerkrankungen wie allgemein unter Streß resultiert ein erhöhter Vitamin-C-Verbrauch.
Das Vorkommen der einzelnen Vitamine ist - wie das der nachfolgend behandelten Spurenelemente - auf viele Naturstoffe verteilt, was eine abwechslungsreiche Fütterung unter Verwendung möglichst vieler Futtertypen und -sorten anraten läßt. Bei Fertigfutter wird derzeit noch sicherheitshalber rundum vitaminiert, da wir von artspezifischen Detailkenntnissen und damit exakten Bedarfsempfehlungen noch weit entfernt sind. Gerade die Vitamine sind es, die eine sachgerechte Futterlagerung (siehe unten, Qualität auf Vorrat) bzw. möglichst frische Verwendung aller Nährsubstanzen begründen. Weitgehend unempfindlich sind dagegen die Vertreter einer anderen Wirkstoffgruppe, die Spurenelemente:
Zur Fraktion der Rohasche gehörend, aus deren Summe man sie einzeln analytisch bestimmen kann, werden sie - falls dort vorhanden - von Fischen zum Teil aus dem Umgebungswasser aufgenommen. Auch bei Fertigfutterrezepturen erübrigt sich meist eine Zugabe als Zusatzstoff, zumindest wenn eine vielfältige Rohstoffkomposition gegeben ist. Vor allem Fischmehl und Erzeugnisse aus Schalentieren enthalten naturgegeben viele Spurenelemente. Einige davon sind Schwermetalle, von denen ein Zuviel gar toxisch wäre. Doch diesbezüglich gilt ja für alle Naturstoffe noch heute der Spruch des alten PARACELSUS (Theofrastus Bombastus von Hohenheim; 17. Jahrhundert), daß allein die Dosis bestimmt, "daß ein Ding ein Gift sei".
Eisen, für Pflanzen ein Mengenelement, ist u.a. der entscheidende Bestandteil im Blutfarbstoff, wo es die Sauerstoffbindung überhaupt ermöglicht. Ferner ist ein Bezug zu Vitamin C gegeben.
Kupfer hat Wechselbeziehungen zu Eisen bei ver-

schiedenen Atmungs- und Stoffwechselprozessen sowie bei der Blutbildung.
Mangan fördert ungestörtes Wachstum, da es in verschiedenen Enzymen enthalten ist. Dies gilt auch für das Zink.
Cobalt wurde als Baustein des Vitamin B_{12} bereits erwähnt, es ist auch Funktionsträger in Enzymsystemen.
Selen ist gemeinsam mit Vitamin E im Fettstoffwechsel vor allem in der Leber tätig und Jod (eigentlich Iod) ist für die Synthese der Schilddrüsenhormone auch bei Fischen erforderlich. Auch sie können im Süßwasser einen jodmangelbedingten Kropf bekommen, während Seewassertiere ihren Bedarf sicher aus dem Wasser decken können.

Allgemeine Futtermittelkunde

Die Tierernährungslehre bemüht sich, aufgrund aller nur irgendwie erhältlichen Informationen zu Nähr- und Wirkstoffen sowie ihren Funktionen den Bedarf für einzelne Arten einzuschätzen oder gar festzulegen. Von letzterem kann bei Zierfischen nicht die Rede sein, die Artenvielfalt läßt auch nur Einschätzungen zu. Die Futtermittelkunde als Teilwissenschaft erklärt dazu, wie - d.h. mit welchen Rohstoffen und ihren Mischungen oder anderen Verarbeitungsstufen - dieses Ziel erreicht werden kann. Grundlagen dazu liefert zunächst die allgemeine Futtermittelkunde, während den Futterarten (spezielle Futtermittelkunde) und Fütterungsmethoden weiter hinten jeweils eigene Kapitel zugeordnet sind. Einige Begriffe des Futtermittelrechts und manch weitere Definition sind vorab unabdingbar, zumal sie in Informationsunterlagen oder Verpackungsbeschriftungen Eingang finden.
"Inhaltsstoffe" sind die Zusammenfassung der Angaben (prozentual) zu den Rohnährstoffen Rohprotein, Rohfett, Rohfaser, Rohasche und dem Wassergehalt. Sie sind bei Zierfischen und allen Heimtieren außer Hund und Katze nicht vorgeschrieben, eine EU-Regelung als gemeinsame Lösung ist bisher nicht in Sicht (Deutschland; August 1994).
Gleiches gilt für die "Zusammensetzung", wo Rohstoffe einzeln oder doch in Warengruppen in absteigender Reihenfolge ihrer Verwendung nach zu nennen wären.
Jegliche futtermittelrechtlich vorgesehene Beschriftung beim "In Verkehr bringen" eines Produktes nennt man "Deklaration" desselben und die Deklarationspflicht beschränkt sich bei Zierfischfutter auf ein Minimum. Zu unterscheiden ist dabei noch zwischen Einzel- und Mischfuttermitteln. "Einzelfuttermittel" sind einzelne Stoffe, denen außer Wasser nichts entzogen oder hinzugefügt wurde, die mechanisch (unter Nennung der Art und Weise) bearbeitet sein können und prinzipiell zur Tierernährung geeignet sind. Das heißt, man verwendet sie mit anderen (Einzel-)Futtermitteln zeitgleich oder selbst gemischt bzw. man kann daraus als Hersteller "Mischfuttermittel" produzieren.
Außer dem Nettogewicht bzw. der Stückzahl gibt es neben der handelsüblichen Bezeichnung der Ware bei gängigen Einzelfuttermitteln, die Einsatz bei Fischen finden, praktisch keinerlei Deklarationspflichten. Beispiele wären etwa Mückenlarven, Wasserflöhe oder Muschelfleisch, getrocknet oder gefrostet.
"Mischfuttermittel" sind Zusammenstellungen aus Einzelfuttermitteln ggf. unter Verwendung von Zusatzstoffen. Es können einfache Mixe von Rohstoffen oder Halbfabrikate genauso sein wie technisch aufwendig produzierte und manchmal kompliziert formulierte, zu Partikeln unterschiedlicher Art geformte Futtermittelmischungen. Letztere

Flockenfuttermix, ein typisches Mischfuttermittel

können zwar einheitlich aussehen (Pellets, Extrudate, Granulate, einfarbige Flocken s.u.), sie sind aber meistens Mischfuttermittel. Eine weitere rechtliche Unterteilung dieser Futtergruppe erfolgt in Allein- und Ergänzungsfuttermittel. Die Alleinfuttermittel sollten rechtstheoretisch in der Tat den Bedarf der in der Deklaration zu nennenden Tierzielgruppe vollauf und ohne jede weitere Ernährungserfordernis decken.

In der Praxis wird diese Anforderung nur bei Mischfuttermitteln für landwirtschaftliche Nutztiere und bei ganz wenigen Hunde- und Katzenfuttermitteln erreicht. Bei Zierfischen sieht es dabei ähnlich wie bei Mischfutter für nicht schnurrende oder bellende Heimtiere eher schlecht aus. Meines Erachtens gibt es echte Alleinfuttermittel im oben erläuterten rechtstheoretischen Sinne - der ja wohl auch der sprachliche Sinn dieses Begriffs ist - bei Zierfischen nur in der Anwendung auf einige unkomplizierte, wenig anspruchsvolle omnivore Arten.

Bei allen anderen Zierfischspezies müßte ehrlicherweise der neuerdings bei "Heimtieren außer Hunden und Katzen" zugelassene Begriff "Mischfuttermittel für XYZ" (XYZ steht für die jeweils zu bezeichnende Tierart oder Tierkategorie) benutzt werden. Aber bei allen Tieren, die nicht dem menschlichen Verzehr dienen oder nicht Hund und Katze heißen, drückt der Gesetzgeber anscheinend - wenig verbraucherfreundlich - ein oder gar zwei Auge(n) zu. Geduldet werden offensichtlich auch traditionell und, wenigstens wahrheitsgetreuer als das Wort Alleinfuttermittel, für Zierfische auch die Bezeichnungen "Grundfutter" oder "Hauptfutter". In jedem Fall sieht es unabhängig von der Wortwahl so aus, daß für alle diese Benennungen ganz sicher die Deklarationsvorschriften für Mischfuttermittel zu gelten haben. GROSSMANN belehrt uns in seiner Studie zu Zierfischfuttern jedoch deutlich, daß es damit offensichtlich im Argen liegt:

Er deckte vielfältige Mängel bei den Verpackungsbeschriftungen etlicher Zierfischprodukte auf, die ja den Verbraucher informieren und die Tiere vor Fehlgebrauch schützen sollen. Vor allem die Einzelfuttermittel werden überwiegend nicht als solche bezeichnet oder sie werden gar als Alleinfuttermittel eingestuft! Bei der Haltbarkeit unter Bezug auf das Herstellungsdatum - inzwischen ist die Angabe eines Mindesthaltbarkeitsdatum vorgeschrieben - gab es genauso reichlich Falsch- bzw. Fehlmeldungen wie bei Fütterungshinweisen, die zwingend vorgeschrieben sind. Wie gesagt, müssen bei Zierfischen weder Inhaltsstoffe noch Zusammensetzung (s.o.) angegeben werden. Aber wenn Zusatzstoffe bestimmter Gruppen Einsatz finden, sind Namen und Mengen sehr wohl deklarationspflichtig: Dies betrifft die Zugabe von Vitaminen ebenso wie die von Spurenelementen, Konservierungs- und Farbstoffen inklusive (auch natürlicher) Pigmente, Antioxidantien (gegen Fettverderb sinnvoll) oder gar - bei Zierfischen kaum eine Rolle spielend - von Leistungsförderern (Fütterungsantibiotika o.ä.) sowie vorbeugend via Futter krankheitsverhindernden Zusätzen (gegen sogenannte Histomoniasis oder Kokzidiose; Geflügel und Kaninchen).

Sogenannte Ergänzungsfuttermittel sind die zweite Untergruppe der Mischfuttermittel (neben den Alleinfuttermitteln bzw. ihrer abgespeckten Verwandtschaft). Wie ihr Name schon sagt, dienen sie dazu, in Ergänzung anderer Futtermittel den Nahrungsbedarf der Tiere zu decken. Bei Fischen sind diese Produkte selten. Damit sind nämlich Vitaminpräparate oder z.B. Mineralfuttermittel gemeint, die mit anderen Rationsbestandteilen selbst zu mischen oder darüber gegeben zu verabreichen sind. Häufig werden diverse Einzelfuttermittel als Ergänzungsfuttermittel bezeichnet. Sprachlich-sachlich mag dies richtig sein, weil sie - etwa getrocknete Tubifexwürmer oder gefrostete Flohkrebse - zwar die Fütterung "ergänzen", es sind aber eben keine Mischungen aus verschiedenen Komponenten und nur dann wäre es rechtlich korrekt.

Zierfischbesitzer sollten also vermehrt auf die Etiketten achten, da zusammenfassend für Zierfischfuttermittel folgende Angaben zu finden sein müßten:

Bezeichnung	Mischfuttermittel		Einzelfuttermittel
	Alleinfuttermittel (auch Misch-,Grund- oder Hauptfutter)	Ergänzungs-futtermittel	
Benennung als solches	X	X	X
für (Art oder Gruppe)	X	X	wäre sinnvoll
Gewicht oder Volumen	X	X	X
Name und Anschrift des "Inverkehrbringers"	X	X	X
Haltbarkeitsdauer	X	X	wäre sinnvoll
Wassergehalt falls mehr als 14 %	X	X	wäre sinnvoll
Zusatzstoffe (wie im Text genannt)	X	X	nicht vorgesehen, da sonst Einordnung falsch

Erläuterungen:
X bedeutet, die links stehende Angabe ist auf der Packung zwingend vorgeschrieben; "wäre sinnvoll" heißt, es ist nicht vorgeschrieben und gilt über vorstehende Tabellen hinaus für viele futtermittelrechtliche sogenannte Kann-Angaben, von denen bezüglich Fischen nur wenig Gebrauch gemacht wird. Immer öfter jedoch in Werbe- und Informationsunterlagen für Interessierte.
Der "Inverkehrbringer" heißt rechtlich exakt "der für das Inverkehrbringen innerhalb der Europäischen Gemeinschaft Verantwortliche". Dies kann, muß aber nicht der Hersteller sein. Eine reine Vertriebsorganisation oder ein Abfüllbetrieb dürfen da genauso stehen, die Herkunft des Futters muß sich über diese Adresse (Name und Anschrift!) zurückverfolgen lassen.
Neben der erwähnten Zusatzstoffreglementierung über eine Positivliste hat der Gesetzgeber noch weitere Schutzvorschriften allgemeiner Art ins Futtermittelrecht oder berührende Bereiche eingebaut. Sie sollen z.B. verhindern, daß unhygienische (Futtermitteleinfuhrverordnung) oder übermäßig belastete Futtermittel (Liste unerwünschter Stoffe) oder gar schädliche Nährstoffträger (Liste verbotener Stoffe) in den Handel geraten. Selbstverständlich gelten für Fischfuttermittel auch die Fertigpackungsverordnung, das Arzneimittelgesetz (es sieht für Fische einige freiverkäufliche Pharmaka vor) und kaufmännisches Recht wie z.B. das Gesetz gegen unlauteren Wettbewerb. Im Zweifelsfall befragen Sie zu Risiken und Nebenwirkungen des Futterkaufs Ihren Rechtsanwalt, den ein oder anderen spezialisierten Zoofachhändler oder den örtlichen Aquarienverein, da andere beteiligte Kreise (mancher Apotheker, die meisten Veterinäre etc.) "fischig" meist überfordert sind.
Nach soviel Recht und Unrecht, zugegebenermaßen ebenso trocken wie wichtig, zurück ins nasse Element, wo wir unseren Fischen schließlich die ein-

gangs zu dieser allgemeinen Futtermittelkunde erwähnten, wenigstens andeutungsweise sinnvollen Futterzusammenstellungen bieten wollen.
Vielleicht sind Gesetzgeber, Gesetz und Gesetzeskontrolleure zierfischmäßig deshalb so lasch, weil derzeit wirklich nur Schätzungen des Ernährungsbedarfs vorgelegt werden können. Sie sind jedoch langjährig praxiserprobt und größtenteils durch dauerhaftes Wohlbefinden sowie Zuchterfolge untermauert, von zahlreichen Autoren belegt und hier in Kombination wiedergegeben:
Die Festlegung von Größenordnungen der Bedarfsnormen ist getrennt nach den Ernährungstypen vorzunehmen, da diese sich bezüglich einiger Inhaltsstoffe doch wesentlich unterscheiden.
Faunivore können mit Rohfaser fast nichts anfangen, regulative Minimalgehalte sind hierzu ausreichend. Auch nur recht wenig Kohlenhydrate, und die in aufgeschlossener Form, können von strikten Tierfressern verwertet werden. Bei ihnen stehen Fette und Proteine im Vordergrund.
Herbivore brauchen davon weniger und das auch noch eher pflanzlichen Ursprungs. Ihre Nahrung sei kohlenhydratbetont unter Mitverwendung von mehr Ballaststoffen. Klar, die Omnivoren liegen dazwischen. Vorsichtig in Zahlen gefaßt ergibt sich folgende Übersicht der Rohnährstoffwerte bezogen auf die Trockensubstanz.
Vorsichtig nicht nur wegen unserer bereits mehrfach zugegebenen Unkenntnis detaillierterer, artspezifischer Daten, sondern auch deshalb, weil Rohnährstoffe Analysenwerte sind, die fast nichts zur Verdaulichkeit und biologischen Wertigkeit für die Zielorganismen sagen können.
Über Tage und aus allen zugeteilten, abwechselnden Rationen sollten sich trotz aller Belastung der Übersicht mit Ungenauigkeiten im Mittel etwa die genannten Werte ergeben. Nur so werden grobe Ernährungsfehler vermieden. Mittels der Anhangstabellen, den folgenden Inhalten dieses Ratgebers und einem Taschenrechner mit Prozenttaste kann der interessierte Fischliebhaber nachvollziehen, wo es bei seinen Pfleglingen bezüglich der groben Ernährungsrichtung hapern könnte.
Als Resümee aus dieser langen Überleitung zur speziellen Futtermittelkunde bleibt: Vieles in der Aquaristik/am Gartenteich und etliches in der Tierernährung kann man messen und regeln, bestimmen und berechnen, die Wahrheit aber offenbart sich erst im Fütterungsversuch auf solider Grundlage mit sichtbarem Erfolg an den Fischen.

Ernährungstyp	Rohprotein	Rohfett	Rohfaser	Rohasche	NfE
Faunivor	über 50	3-10	2-4	ca. 8-11	15-30
Omnivor	35-45	2-6	3-8	um 10	30-35
Herbivor	15-30	1-4	5-10	um 10	über40

(NfE = stickstofffreie Extraktstoffe = im wesentlichen Kohlenhydrate außer Rohfaser)
Alle Angaben in % bezogen auf die Trockensubstanz.

SPEZIELLE FUTTERMITTELKUNDE

Fische füttern früher und heute

Also ich bin nun wirklich nicht faul, allenfalls stunden- oder selten auch tageweise mal etwas bequem, aber ob mich zu Zeiten der aquaristischen Anfänge das berühmte „Aquarienfieber" so leicht hätte packen können, ist ehrlicherweise fraglich. Die damaligen Fisch-Enthusiasten hatten nämlich ihre liebe Mühe nicht nur mit technischen Unzulänglichkeiten, die kühn-improvisativ umgangen oder doch gemildert wurden, sondern erst recht mit der kulinarischen Versorgung ihrer exotischen oder auch heimischen Lieblinge. Beschaffungsstreß, Ärger mit wenig fischinteressierten Mitbewohnern/Lebenspartnern, Lernen duch Versuch und Irrtum, Experimentierfreude einerseits und Mißgeschicksleid andererseits sind Begriffe, die diese Periode der Fütterungsmühsal unserer Vivarianer-Vorfahren nur allzu treffend kennzeichnen. Denn was gab es schon zur Ernährung der Fische? Lebendfutter in allen nur denkbaren Varianten und oft aus dubiosen Quellen stand eindeutig im Vordergrund. Der Fang war auf vielmals abenteuerliche Art und Weise selbst zu organisieren und in der knappen Freizeit zu bewerkstelligen. Die Lagerung des begehrten, zappelnden Materials war in der Regel eine Lebend-Hälterung, da die Tiefkühltechnik zur qualitätsbewußten Bewahrung saisonalen Überschußsegens in privaten Haushalten wenig bis gar nicht verbreitet war. Da man mit Trockeneis im Keller und später Kühlschränken wenigstens den raschen Verderb von Lebendfutter bremsen konnte, gleichzeitig aber wegen knappen Kühlraums eine platzsparende (wasserfreie) Aufbewahrungsmöglichkeit unter stoffwechselreduzierenden, kaum sauerstoffverbrauchenden Bedingungen realisieren mußte, gehen auf diese sicher denkwürdige Zeit etliche Praxistips zur Lebendlagerung mancher Futtertiere zurück. Auch heute noch gilt für Aquarianer, bei denen Tiefkühlraum nicht verfügbar ist, die Devise der längerfristigen Hälterung lebender Mückenlarven zwischen Lagen feuchten Papiers im Kühlschrank. Zwischenzeitlich ist diese Methode allenfalls durch die Verwendung saugfähiger Hygienepapiere, sprich: Küchenkrepp, verfeinert worden. Sie geht jedoch bestimmt auf Experimente aus den Anfängen der Fischernährung zurück, wo der aquarisitisch orientierte Familienvorstand das Motto „Chironomiden statt Butter „ für den Kühlraum ausgab. Hier wie bei der Hälterung in wasserführenden Gefäßen fast jeder zugänglichen Art - beliebt waren metallene, aufwendig zu reinigende Farb-, Öl- und Benzinfässer - erfolgten nur allzu oft die Verpuppung und der Schlupf dieser wertvollen Futterorganismen. Im Falle schwarzer Mückenlarven, die ja Stechmücken zeitigen, waren neben der Mühsal nun auch die wahrhaftige Plage und demzufolge meist ein (weiterer) Familienkrach vorprogrammiert. Nicht selten wurde beides nicht nur billigend in Kauf genommen, sondern auch geradezu provoziert, um die bei günstigen Bedingungen (ja, es soll damals noch lange, warme Sommer gegeben haben!) große Vermehrungspotenz und rasche Generationsfolge der stechenden Zweiflügler unter den Insekten permanenten Futternachschub heischend auszunutzen. Manch damaliger Aquarianer „opferte" sich und/oder ließ seine Lieben anläßlich abendlicher Freiland-Aufenthalte unbedeckte Körperstellen hinhalten. Es war schließlich seinerzeit schon bekannt, daß die weiblichen Stechmücken (und nur sie) für

Ei-Schiffchen einer Stechmücke

eine erfolgreiche Eibildung und -befruchtung unbedingt eine Blutmahlzeit brauchen.

Stechmückenpuppe

Der fachmännische Umgang mit Planktonnetzkeschern wurde fleißig geübt und als wichtiges Kulturerbe auf nachfolgende Aquarianergenerationen durch sachlichen Anschauungsunterricht nicht nur theoretisch vererbt. Das Tuchmaterial dieser Fanggeräte war nicht eben billige, sogenannte Müllergaze aus Seidengewebe, das im Normalgebrauch von Getreidemühlen zur Mehlklassifizierung und -reinigung diente. Sorgfältig über selbstgebogene Drahtbügel genäht und an langen, schweren Bambusstöcken oder Holzstäben befestigt, ergaben sich zwar zweckdienliche aber aufwendig zu handhabende und sorgfältiger Pflege (Reinigung, Trocknung) bedürfende Plankton-Jagdinstrumente. Heute können wir dank modernster Technik diesbezüglich auf normierte Kunststoffgewebe (Siebdruckereibedarf!) an leichter, dabei strapazierfähiger Plastik-, Fiberglas- oder gar Kohlefaserführung auf rostfreiem Edelstahldrahtbügel zurückgreifen. Auch das Wissen um saisonale Planktonspitzen, jahreszeitliche und lokal-regionale Vorkommen dieses und anderen Lebendfutters und seine Entwicklungsgänge war den Aquarianern stets geläufig. Fangorte und -hinweise wurden als heiße Tips gehandelt.
Auf pflanzlicher Seite dominierten Haferflocken und Salat als (Bei-)Kost, Algenwuchs auf Steinen und Wasserpflanzen ergab sich aufgrund der bereits erwähnten technischen Unzulänglichkeiten als weitere „Fischweide" häufig von selbst. So manche Wasserpflanze, zur Erbauung des Betrachters weniger denn zum Sauerstoffgewinn ins „urzeitliche" Aquarium tunlichst eingebracht, wurde daselbst von fischigen Beckeninsassen ständig beknabbert oder mittig perforiert und signalisierte so haupt- oder nebenernährerische vegetarische Gelüste der Fischbewohner ebenso deutlich wie unliebsam.
Brot-, Gebäck- und Kuchenkrümel waren Not- und Ergänzungsmahlzeiten, die dem wahren Kenner bald als Grundlage für vielfältigere Futtermixe dienten: Vermischt und angereichert mit sonnengetrockneten Überschuß-Wasserflöhen, Weizenkleie, gekochtem Ei und oft auch unappetitlicheren Zutaten erhielt man derart erste Vorstufen späteren Fertigfutters.
Nun, heutzutage sieht einiges etwas anders aus und nur noch wenige Nahrungsspezialisten unter den möglichen Pfleglingen stellen den Aquarianer vor ähnliche der oben beschriebenen Probleme. Die „breite Masse" hat gottlob nicht mehr diese immensen Sorgen, wie die nachfolgenden Kapitel zeigen.

Trockenfutter aus industrieller Fertigung

Einhergehend mit technischen Lösungen rund um die Haltung von Fischen in Aquarien und Gartenteichen hat auch die Futtermittelindustrie in den letzten Jahrzehnten eine rasante Entwicklung durchgemacht. Daneben haben stetig wachsende Kenntnisse über und Zugriffe auf teils recht spezielle Rohstoffe in allen Erdteilen für Aufschwung gesorgt. In Verbindung mit ständiger Zunahme samt transport- und lagerungstechnischer Verbesserungen des internationalen Handels weltweit wurden die aquaristischen Versorgungsmöglichkeiten positiv beeinflußt. Nicht zuletzt haben auch die Lebensmitteltechnologie und mehr auch die immer exotischere menschliche Verpflegung die Phantasie der Futtermittel-Produktentwickler nicht wenig beflügelt.
Mengenmäßig im Vordergrund steht dabei eindeutig das breite Spektrum der Trockenfutter.

Diverse Fertigfutter-Zubereitungen

„Trocken" heißt dabei, daß diesen Einzel- oder Mischfuttermitteln als Hauptbeitrag oder gar als alleinige Methode zur Haltbarmachung schlicht das Wasser entzogen wurde.

Die Grenze für den bereits erwähnten maximalen Restwassergehalt von 14 % zieht das Futtermittelrecht dabei aus ganz praktisch-naturwissenschaftlichen Gründen: Dieser Wert gilt grob als derjenige, unterhalb dessen (also bei 14 % oder weniger Wassergehalt) auf oder in organischer Substanz kein mikrobielles Wachstum mehr möglich ist. Schimmel, Hefen (Pilze) und Bakterien können sich nicht mehr vermehren. Keime, die nicht zur Bildung von Dauerstadien (Sporen, Cysten) befähigt sind, wachsen durch Trocknung nicht weiter, viele sterben gar ab.

Alle Trockenfutter sind entweder Einzelfuttermittel (im Einsatz als Ergänzungsfuttermittel), Mischungen daraus und/oder in Verbindung mit Halbfabrikaten oder sie werden aus gemahlenen Komponenten aufgebaut. Einzelheiten dazu beschreiben die folgenden Kapitel. Im Anhang finden sich Tabellen mit Rohnährstoffangaben dazu. Für die wenigsten Zierfischarten - wahrscheinlich sogar für keine - ist ein einziges Trockenfutter lebenslang ausschließlich verabreicht und streng betrachtet als echtes Alleinfuttermittel einsetzbar. Weiter einschränkend muß gesagt werden, daß man strikte Tierfresser unter den Aquarienfischarten, die gleichzeitig auf bewegte Beute „stehen", im großen und ganzen kaum mit irgendeiner Trockenfuttervariante erfolgreich ernähren kann.

Derartige „Tricks" sind dem Menschen zwar mit einigen Nutzfischarten gelungen (man denke nur an die Forellenartigen, also die Salmoniden) und sie wurden auch weitgehend erblich gefestigt im Rahmen der Zuchtauslese, aber allgemein übertragen auf hier anstehende Ernährungsthemen läßt sich das nicht.

Einzelne Exemplare von „Raubfischen" lassen sich durchaus zur Aufnahme von Trockenfutter bewe-

Futtermix aus verschiedenen Flocken und Trockenorganismen

gen und sei es durch schrittweise Gewöhnung mittels ständig erhöhter Dosis zu laufenden Lebendfuttergaben. Oder es funktioniert - wieder nur in Einzelfällen - durch künstliche Bewegung des „toten" Trockenfutters, durch Lockstoffe oder eine spezielle Farbgebung der Pseudobeute. Stets muß man in solchen Fällen der Umgewöhnung von Faunivoren von gelungenen Futterdressuren ausgehen und sich vor einer Verallgemeinerung tunlichst hüten.

Abschließend hier noch eine Wortklärung, um Mißverständnisse zu vermeiden:

„Staubfutter", auch wenn dies trocken klingt und von manchen Lieferanten so ausgelegt wird, ist kein staubfein gemahlenes Trockenfutter für kleinste Fischmäuler. Dieser klassische Begriff kennzeichnet vielmehr feinstes, nur eben staubkorngroßes Lebendfutter aus Rädertierchen und minimalsten Krebstierlarven zu Jungfischfutterzwecken im Anschluß an Wimpern- und andere Aufgußtierchen. Feinstvermahlene Trockenfuttersorten, die im ein oder anderen Fall auch bei unempfindlichen Kleinstfischen, z.B. jungen Lebendgebärenden, als Aufzuchtfutter in Frage kommen können, wären - das zusammengesetzte Hauptwort umdrehend - als „Futterstaub" zu benennen.

„Flocken" sind nicht gleich „Flocken"

Sogenanntes Flockenfutter ist das variantenreichste und mengenmäßig am häufigsten eingesetzte Fertigtrockenfuttermittel für Fische. Mit der grundlegenden Entwicklung und ersten Produktion von Futterflocken durch einen namhaften Hersteller vor über 40 Jahren wurde die Aquaristik geradezu revolutioniert. Eine Rezeptur, welche die Basisansprüche sehr vieler Fischarten - nämlich zunächst der Omnivoren - als Hauptfutter abdeckte, war die Grundlage für viele Flockenentwicklungen. Zahlreiche Plagiatsversuche, schlechte bis sehr gute Kopien bis hin zu ideenreichen Neuproduktionen von Newcomern unter den Herstellern waren die für die gesamte Aquaristik überwiegend positiven Folgen. Auch im Hause des Erfinders, der heute Marktführer dieses Fütterungsbereiches ist, war und ist man genau wie bei anderen Markenartiklern mit dem Erreichten nie so zufrieden, daß man sich zurücklehnt und auf den zweifelsohne errungenen Lorbeeren ausruht. Optimierungen bestehender Rezepte und Kreation neuer Varianten sind stets angesagt.

Die Revolutionierung der Zierfischfütterung erfolgte auch nicht schlagartig, gewissermaßen „über Nacht". Nein, langsam Stück für Stück waren eingefleischte Aquarianer zu überzeugen und neue hinzuzugewinnen. So recht wollte niemand glauben, daß mit diesen „walzengetrockneten Dünnschichtquellflocken" - wie klassisches Flockenfutter produktionstechnisch korrekt heißt - nun eine funktionierende Grundlage der Ernährung für die meisten handelsrelevanten Zierfischarten gefunden war. Verunglimpfungen, ja üble Nachrede und der Spruch vom „trockenen Ersatzversuch der Natur" und die dumme Bezeichnung „Kunstfutter" kursierten lange. Doch Dank der meß- und sichtbaren Erfolge, die man ausgehend von der Ernährung der Gemischtköstler auch bei manchen Pflanzenfressern und sogar einigen Fischarten mit faunivorer Tendenz vorweisen kann, sind diese Vorurteile weitgehend ausgegrenzt.

In jedem Fall lohnt es sich, bei Flocken etwas genauer hinzusehen und sich einige Erklärungen des

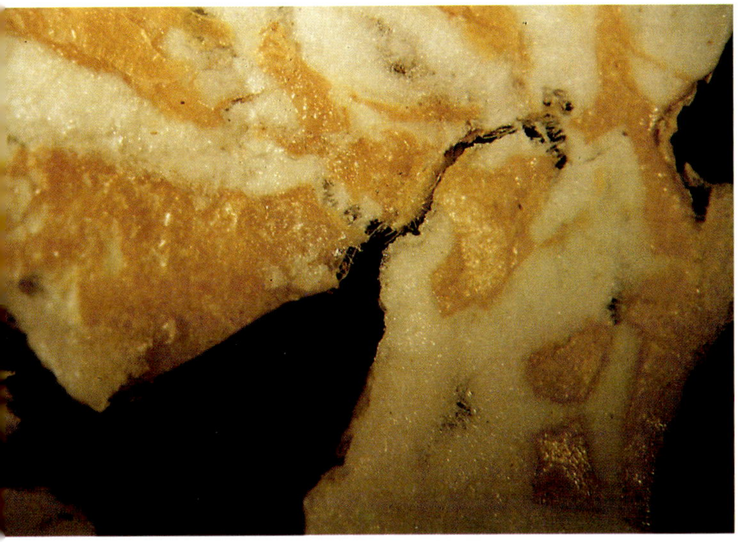

Weizen gequetscht, eine Flocke im futtermittelrechtlichen Sinne.

Dünnschichtquellflocken

Umfeldes zu Gemüte zu führen. Vorab sei gesagt, daß „Flocken" futtermittelrechtlich und -technisch eigentlich ganz andere Produkte kennzeichnen, als die hier behandelten: Ursprünglich waren und sind „Flocken" in Wasser gequollene oder gedämpfte und anschließend „plattgewalzte" und getrocknete Sämereien oder Hauptbestandteile (Mehlkörper) von Saaten. Der Bezeichnung „-flocken" ist zur Erkennung und Information das pflanzliche Ausgangsprodukt vorauszustellen. So kennen wir alle etwa „Haferflocken" oder auch „Weizenflocken" vom Frühstückstisch oder als Müsli-Bestandteil. „Cornflakes" sind nichts anderes, denn übersetzt heißen diese knackigen Dinger schlicht „Maisflocken". Die Abbildung oben zeigt einen vergrößerten Ausschnitt aus einer solchen Weizenflocke. Derartige und ähnliche Erzeugnisse finden sich auch in grob strukturierten Gartenteichfuttern. Als rein pflanzliche Ergänzung haben sie dort auch ihre Berechtigung genau wie helle, flache, ebenfalls flockenähnlich aussehende Bruchstücke von Backerzeugnissen: Die spezielle Lebensmitteltechnik kennt sie unter dem Kapitel „Weihnachtsbäckerei" als Oblaten.

Griesige Getreidestücke, ebenfalls feucht vorbehandelt, gemeinsam mit kleinen Fleisch- und Gemüsebröckchen in einem Spezialverfahren flockiert, ergaben schon vor Jahrzehnten ein patentiertes Hundeflockenfutter, das zwischen zwei unterschiedlich schnell rotierenden Walzen zusammengequetscht wurde. Daß außer bellenden Vierbeinern auch manch andere Tierart (klar, auch Fische) mit diesen Sonderflocken ernährungsmäßig zumindest als Beifutter etwas anfangen kann, ist von findigen Produktentwicklern rasch erkannt worden.

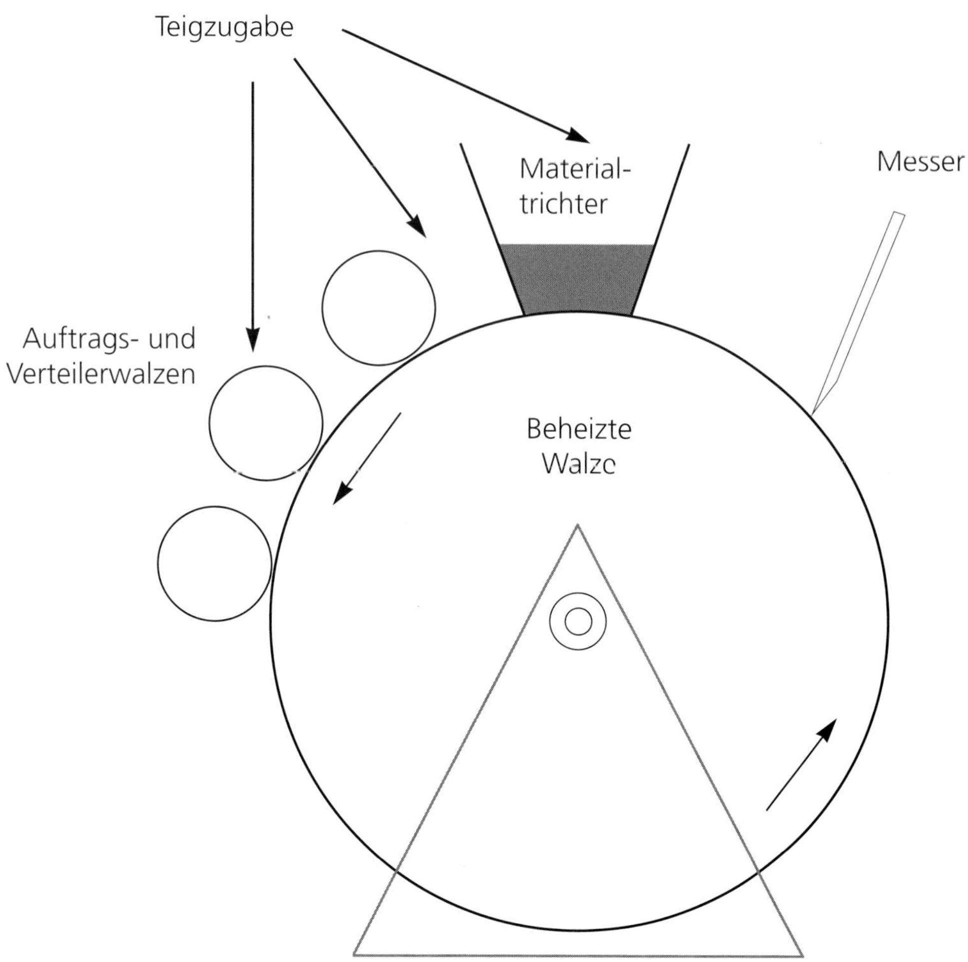

Funktionsschema eines Walzentrockners für Dünnschichtquellflocken

Diese in sich strukturierten, dicken Flocken mit Einschlüssen von Nicht-Getreidematerial kann man daher auch in manchem Trockenmix für Fische finden.

Aber all das ist nicht jenes Erzeugnis, welches der Aquarianer „Flocke" nennt. Er meint damit ausschließlich die mehr oder weniger bunten, fast durchscheinend dünnen und allenfalls mit feinsten Kleinstrukturen versehenen Dünnschichtquellflocken (Abbildung S. 39).

Wie der Name sagt, kommt dabei irgendetwas in dünner Schicht zum „Quellen". Wie und was, das wollen wir uns nun doch einmal genauer ansehen: Zunächst werden fein- und feinstpulvrig gemahlene Rohstoffe trocken intensiv vorgemischt und/oder in einen zylinderförmigen Rührkessel oder sonstigen Rührwerksbottich sorgfältig verwogen. Dort hinein kommen neben den Roh- auch die Wirkstoffkomponenten wie etwa Vitaminvormischungen, Spurenelementgaben oder andere Zusatzstoffe. Auch frische oder aufgetaute Zutaten können hier noch zugegeben werden, in jedem Fall aber wird nun reichlich Wasser beigemengt. Unsere „Trockenfutterflocken" entstehen nämlich aus einem beinahe dünnflüssigen Brei. Die optimale Ausgangskonsistenz nach dem Aufquellen der mehligen Bestandteile entspricht in etwa der von Waffel- oder Pfannkuchenteig bzw. dem in Creperien verbratenen Material.

Das Wasser ist dabei Trägerstoff und Löslichkeits-

Qualitätskontrolle am Walzentrockner

sowie Bindungsvermittler in einem, doch wie werden aus der Teigphase nun feine Flocken?
Das Geheimnis liegt in einem sogenannten Walzentrockner, an dessen Scheitelpunkt ganz oben unterhalb der Dampfabzugshaube der Teig aufgebracht wird. Ein leistungsfähiges Leitungs-, Pump- und Verteilersystem hat ihn aus dem Rührwerksbehälter dorthin befördert und mittels Pendelarm recht gleichmäßig in einem flachen Trichter aufgetragen. Dort oben auf dem Walzentrockner, einer von innen mit Dampf oder elektrisch beheizbaren, liegend-rotierenden Walze, brodelt die naß-klebrige Masse nun etwas vor sich hin, um alsbald über schmale Öffnungen des Teigtrichters längs zum Walzenkörper direkt auf diesem als dünne Schicht zur Trocknung unter Drehung verteilt zu werden. Kleine „Auftragswalzen" optimieren diesen Prozeß unterhalb des Trichters. Die eigentliche große Trocknungswalze ist recht heiß und entzieht dem nun als Teigfilm vorliegenden Ausgangsmaterial das Prozeßwasser sekunden- bis minutenschnell weitgehend und überraschend schonend. Nicht geschont werden kann und soll jedoch die im Rohstoffmix aus Getreide- oder Hülsenfruchtmehlen stammende Stärke: Sie ist es, die unter Heißwasser- und Kocheinfluß nun wirklich „aufquillt" und dabei - das Gesamtmaterial bindend - verkleistert. Die Stärkekörner nehmen Wasser auf, sie quellen auf und platzen schließlich im Zuge der Verarbeitung. Damit „zerreißt" sozusagen die innig vernetzte Struktur der ehemals natürlichen Stärke. Stärke, ein pflanzliches Kohlenhydrat, ist chemisch

aus fest verwobenen Bindungen großer Mengen von Traubenzuckermolekülen (Glucose) entstanden. Der gerade beschriebene Prozeß ist eine Art technischer Vorverdauung dieser sonst sehr stabilen Matrix: Im Reich der Wirbeltiere kann sie nirgends vom Organismus selbst vollends direkt verdaut und verwertet werden, allenfalls bei Herbivoren unterliegt sie dem mikrobiologischen Aufschluß der bakteriellen Pansen - (bei Wiederkäuern) und Darm- oder Blinddarmgärung (Pferde, Kaninchen etc.). Omni- und faunivore Organismen können native, d.h. unverändert-natürliche Stärke kaum oder gar nicht angreifen. Feucht-heiße Verarbeitung führt jedoch zur Knackung der Stärkenetze in kürzerkettige Bausteine, was als (Teil-)Verzuckerung hin zu den Glucosemolekülen zu werten ist und die deshalb auch als „Dextrinierung" der Stärke - hier eben durch Walzentrocknung - bezeichnet wurde. Derart aufgeschlossene Stärke (Quellstärke, siehe auch unten bei „extrudiertem Futter") wird jedoch für Omnivore fast völlig und für Faunivore teilweise verfügbar. Doch zurück zu unserem binnen einer Walzendrehung getrockneten Futterfilm: Eine „am Stück" zusammenhängende „Riesenfischfutterflocke" verläßt nun die Walzentrocknertrommel im freien Fall nach unten, da sie von einem sehr scharfen, parallel zur Trocknungswalze und gerade eben daran anliegend montiertem Längsmesser kontinuierlich abgeschabt wird. Unterhalb der Produktionseinheit zerbricht oder faltet sich das breite Trockenfilmmaterial grob in einer Auffangvorrichtung.

Von dort ist alsbaldiger Weitertransport zur endgültigen Größenklassifizierung und abschließenden Endform-Zerkleinerung angesagt. Denn allzu lange dürfen frisch aus breiigem Teig mühsam getrocknete Flocken nicht in der feucht-warmen Trocknerhalle bleiben, um nicht durch nasse Hitze unter Qualitätsverlust zu leiden. Da sie Luft- und Umgebungsfeuchtigkeit gerne wieder aufnehmen würden, also sogenannte hygroskopische Produkte sind, ist bis zum Abmischen mit anderen Flocken oder eventuellen weiteren Konfektionierungsschritten eine dunkle, kühle und trockene Zwischenlagerung ideal.

Pellets und Granulate: Gut gepreßt ist halb verfüttert

Auch diese Trockenfuttermittel werden aus mehligen Zutaten gefertigt. Ausgangspunkt ist eine trockene Mischung fein und feinst gemahlener Rohstoffe mit Fisch- und Getreidemehlen als wesentliche Grundlagen. Hefen, Krebserzeugnisse im weitesten Sinne, Ei, Soja und weitere pflanzliche Derivate sowie tierische Nebenerzeugnisse oder Molkereiprodukte können ebenfalls Haupt oder doch Nebenbestandteile sein. Eine pulverige Vormischung mit Vitamin- und Mineralträgern wird zugefügt. Fette und Öle können gleich anschließend dem Trockenmix zugegeben werden oder man entschließt sich (eventuell auch zusätzlich) für die sogenannte Sekundärauffettung erst nach dem Preßvorgang.

Einem Reife- oder Konditionierbehälter, wo etwas Feuchtigkeit (Wasser, Dampf, Melasse o. ä.) einwirkt und die Mehlmischung fast zu beginnendem, feucht-krümligen Abbinden bringt, schließt sich der direkte Transport zur eigentlichen Pelletpresse an. Sie hat rein materialverdichtende Aufgaben und arbeitet dazu mit der geballten Kraft in oder auf gelochten Matrizen rundlaufender Gewichte, welche Koller heißen. Die Koller treiben das Preßgut in die auf Scheiben oder in Ringen angeordneten Matrizenöffnungen, in denen sich ein durch ständig nachgeschobenes Material verbindender Druck aufbaut. Chemisch-physikalische, feinste Brückenbildungen an den Einzelteilchen der zu pelletierenden Futtermehlmischung sorgen für weiteren Zusammenhalt, auch wenn sie mit bloßem Auge nicht erkennbar sind. Ein optimal geformtes Pellet, dessen Durchmesser von der Bohrungsgröße der Matrizenkanäle abhängt und das nach der Pressung auf die Endlänge abgeschnitten oder -gebrochen wurde, hat glatte Außenwände und weist keine Hohlräume auf.

Historisch sind so entstandene Pellets die älteste Art der Mischfuttermittelformung, nachdem man erkannt hat, daß mehlige Futtermixe von den

Preßfutter-Pellets (oben) sind glatt und dicht gepackt, extrudiertes Futter (unten) ist oft unregelmäßig

wenigsten Tieren gern und praktisch nie verlustfrei aufgenommen werden. Bei der Fischfütterung mit nur gemahlenen und ansonsten unbearbeitet vermischten Zutaten würde außerdem das Wasser zu stark belastet und wohl auch selektiv - einzelne Komponenten heraussuchend - gefressen werden. Zudem entmischen sich Mehlfutter gerne beim Transport. Die nach Trocknung und Kühlung nach dem Preßprozeß gut riesel-, transport- und lagerfähigen Pellets waren da schon ein gewaltiger Fortschritt, zumal sie weitgehend ohne Fütterungsverluste zu verabreichen sind. Sie sehen aber - erstens - zu gleichförmig-langweilig aus, was dem nutztierhaltenden Landwirt zwar „schnurz", dem Zierfisch- und Heimtierhalter aber angeblich noch lang nicht „piepe" ist. Und - zweitens - ihrer Produktionsgröße sind nach unten hin, also hinsichtlich der Fertigung sehr kleiner Pellets, jedoch technische und wirtschaftliche Grenzen gesetzt. Futterpartikel und somit auch klassische Pellets sollten jedoch maulgerechte Happen sein, zumal bei Fischen ohne zerkleinernde Beißerchen. Zierfische aber haben nun einmal körpergrößenbedingt oft kleine Mäuler. Daher werden gut getrocknete, an sich fertige Pellets auf speziellen Walzenstühlen, nämlich im Spalt zwischen mindestens zwei rotierenden, geriffelten Walzen, wieder exakt definiert zerkleinert. Futtertechnologen sprechen auch vom „Krümeln" oder neudeutsch „Crumbeln" der Pellets. Was dabei entsteht, sind nichts anderes als die in der Kapitelüberschrift angekündigten Granulate. Abrieb, Bruch und Staub werden im Idealfall sorgfältig abgesiebt, diverse Größen für verschiedene Fischmäuler entstehen durch Siebung in einzelne Granulatfraktionen. Im nächsten Kapitel werden wir sehen, daß moderne und hochwertige Granulate auch aus anderen Partikeln gebrochen werden können und welche Unterscheidungsmerkmale der private Futtermittelprüfer heranziehen kann.

Und was ist „extrudiertes" Fischfutter?

Auch diese Technologie ermöglicht die Produktion stückiger Trockenfutterpartikel aus gemahlenen, also fein zerkleinerten Rohstoffen. Der im Anschluß zu schildernde Vorgang ist jedoch nicht eben billig zu bewerkstelligen, erstens wegen der sehr teuren Spezialmaschinen und zweitens wegen des im Vergleich zur Pelletierung und der (anschließend behandelten) Tablettierung deutlich höheren Energieaufwands. Dessen Anteil an den eigentlichen Produktionskosten liegt etwa in Höhe der Erhitzungskosten bei der Walzentrocknung.
Auch hinsichtlich des dadurch erreichten Auf-

Pelletpresse mit Kollergang/Scheibenmatrize, Werkfoto Fa. Kahl

geformte Trockenfutterpartikel, die als Kugeln oder „Würstchen" gefertigt werden. Man braucht dazu - daher ihr Name - eine Maschine, die Extruder heißt. Vereinfacht beschrieben ist das eine ummantelte Schneckenwelle, für besonders kleine, feine und glatte Extrudate dürfen es auch zwei sein (Zweiwellen-Extruder), die elektrisch oder über Dampf gesteuert erwärmbar ist. Auch die auftretende Reibungshitze kann man sich nutzbar machen. Die als feinpulverige Mischung oder Brei eingebrachte Futtersubstanz wird von der (den) Schnecke(n) innerhalb des Rohrmantels nochmals intensiv gemischt, dabei mit Wasser angeteigt, durchgewalkt und - geknetet und gleichzeitig nach vorne transportiert. Extruderdurchmesser, spezielle Form der Gewindegänge oder eingebrachte Bolzen zur Unterbrechung bzw. Umleitung des Materialflusses sorgen für Plastifizier- und Entspannungszonen. Da man von hinten stets mehr Futtermaterial nachschiebt, als öffnungsbedingt vorne herauskann, baut sich ein gewaltiger Druck im Extruder auf. In seinem letzten Abschnitt ist entweder reibungsbedingt eine über 100° C liegende Materialtemperatur erreicht oder dieses Ziel wird mit künstlicher Wärme von außen angestrebt. Feuchte Hitze für kurze Zeit, Druck und Scherkräfte sind die Parameter, welche diesen Prozeß der Kochextrusion kennzeichnen.

Eine Düsenplatte mit Löchern, die den Durchmes-

schlußgrades der Stärke (Verkleisterung, Dextrinierung) zur technischen Vorverdauung sind Extrudate mit Dünnschichtquellflocken vergleichbar. Extrudate sind mehr oder weniger regelmäßig

Unterschiede zwischen Futterpartikeln: mit Hohlräumen ein Extrudat (links), voll verdichtet ein Pellet

Oben: *Granulierte Sticks, rotgefärbt*
Unten: *Verschiedene Futtergranulate, Foto: bede*

ser der wurstförmig austretenden, noch feucht-teigigen aber nunmehr formend verbundenen Futterstränge gleich einem überdimensionalen Fleischwolf bestimmt, schließt den eigentlichen Extruder ab.

Schnell rotierende Messer an einer Abschneidevorrichtung bestimmen die Produktlänge durch Wahl der Umlaufgeschwindigkeit und/oder ihre Entfernung zur Düsenplatte, die auch hier Matrize heißt. Eine Futterrezeptur, die zur Verarbeitung als Extrudat bestimmt ist, hat - wie bei Quellflocken - stets Stärke zu enthalten, etwa in Form von Getreidemehl. Nur sie sorgt für hilfsstofffreien Zusammenhalt der sonstigen Zutaten. Auch hier quellen die Stärkekörner zunächst stark auf, um spätestens beim Durchtritt durch die formgebende Matrize zu platzen. Bei der fast schlagartigen Entspannung der zähen Futterbreiwürstchen nach der Extruderpassage entstehen an Stelle der zerrissenen Stärkekörner durch rasche Lufteinlagerung nun viele Blasen. Sie machen die stets „schaumig-luftig" wirkende innere Struktur so behandelter Partikel aus, bedingen gleichzeitig die häufig gegebene Schwimmfähigkeit (oder das nur langsame Absinken) in Wasser und sind ein wichtiges, meist schon mit dem bloßen Auge an Bruchstellen erkennbares Unterscheidungsmerkmal zu den stets blasenfreien Pellets (siehe Abb.links oben und S. 46).

Wegen der hohen Restfeuchte nach dem Abschnitt muß extrudererzeugtes Futter nachgetrocknet werden, um eine einwandfreie Lagerung gewährleisten zu können. Alsbald danach sauber und ordnungsgemäß sorgfältig verpackte Extrudate sind sehr hygienische, weil keimarme Produkte.

„Expander" sind den Extrudern ähnliche Produktionsmaschinen, die eine vergleichbar stärkeaufschließende Vorverarbeitung gemahlener Futterrohstoffe wie Extruder ermöglichen, allerdings ohne abschließende Düsen für die entgültige Formgebung. Die gröberen Futterbrocken, die einen Expander verlassen, werden nach der Trocknung noch stückig feiner gebrochen oder gezielt vermahlen. So können auch hier und gleichwohl aus „echten" Extrudaten von an sich schon gegebener Form wie

Extruder, Werkfoto Fa. Leistritz

Zerbrochene, extrudierte Sticks; die Hohlräume sind deutlich zu erkennen

Ein unregelmäßiges Extrudat

aus Pellets durch weiteren Bruch und fraktionierte Siebung die sogenannten Granulate entstehen.

Tabletten als kompakte Happen

Jeder weiß aus dem Alltag, was Tabletten sind. Die Zierfischfutterhersteller machen auch hierbei wieder „Brocken aus Mehl". Man bringt also nicht Arzneimittel, sondern Nähr- und Wirkstoffe in kompakte, leicht verabreichbare Form. Prinzipiell sind dazu alle zuvor beschriebenen Rohstoffe geeignet. Deren Verdichtung in den als Tablettenpressen oder Tablettierern bezeichneten Spezialmaschinen ist jedoch ein recht sensibler Prozeß, zumal im Zusammenhang mit wertvollen Futterpartikeln. Daher wird im Vorfeld der Tablettierung auf besonders feine, dabei schonende und gleichmäßige Vermahlung der Komponenten und Zuschlagstoffe geachtet. Wirklich gute Tabletten, die ja nicht sofort bei geringstem Wasserkontakt zerfallen sollen, gelten als produktionstechnisch anspruchsvolle Erzeugnisse, die in echt guter Stabilität und idealer Konsistenz nicht einfach und auch nicht billigst gefertigt werden können. Die Naturstoffchemie hilft zum Teil mit zugelassenen, kontrollierten Tablettierhilfsmitteln, die weder bedenklich noch deklarationspflichtig sind. Da jedoch bei Zierfischfuttertabletten Mehle und Feinpartikel zum Einsatz kommen, die naturgemäß besser zusammenhalten als Pharmaka und mineralische Substanzen oder Salze, gebraucht man eher „Hilfsstoffe", die gleichzeitig auch Nährwert haben:

Oft genug werden dazu teure Halbfabrikate verwendet, die zuvor eine Bearbeitung mit dem Extruder oder durch Walzentrocknung durchlaufen haben und die für die Tablettierung feinstvermahlen wurden. Aus dem Getreidesektor wären dies z.B. sogenannte Quellmehle oder Spezialstärken. Solche Rohstoffe verteuern natürlich eine Fischfuttertablette erheblich, aber sie bieten neben dem natürlichen Haftungsvermögen (in sich und mit anderen Teilchen) gleichzeitig den Vorteil technisch vorverdauter Inhaltsstoffe.

Tabletten in klassischen Flachformen oder auch mehr dickbauchige Varianten sollten alsbald zu

Gieriger Skalar-Jungfischschwarm an einer Scheiben-Hafttablette; Foto: Adolf Siegrist

Boden sinken. Dort ermöglichen sie eine gezielte Versorgung der Grundbewohner. Für dämmerungs- oder nachtaktive Fische gebe man sie abends. Selbst Freiwasserbewohner suchen gern den Boden auf, wenn dort geradezu konzentrierte Köstlichkeiten gereicht werden. Man sollte die Lernfähigkeit freßbegieriger Fische nicht unterschätzen!

Nach innen gewölbte Tabletten können - oh Wunder der angewandten Physik - wie Saugnäpfe in ausgewählt beliebiger Höhe im Aquarium unter Wasser an die Scheibe „geklebt" werden.

Ganze Schwärme von Leckermäulern stellen sich dort ein und können nach Gewöhnung aus nächster Nähe bei der Nahrungsaufnahme bewundert werden.

Die gezielte Versorgung einzelner Fischgruppen in Gesellschaftsbecken ist neben der Abwechslung ein wichtiger Vorteil von Futtertabletten gegenüber anderen Darreichungsformen.

Scheibentabletten sind eine willkommene Abwechslung; Foto: Dr. Keppler

Der Natur abgeschaut: Getrocknete Futtertiere

Abgeschaut ist natürlich nicht ganz richtig: Exakt wäre „der Natur entnommen" nachdem man ihr abgeschaut hat, welches denn Organismen sind, die auf dem Speisezettel der Fische stehen. Beim Kapitel über Frost- und Lebendfutter werden wir vielen dieser Naturfuttertiere wieder begegnen. Hier soll die Trocknung der Fischnährtiere besprochen werden, da der Entzug des natürlichen, in frischem Fangzustand reichlich vorhandenen und überwiegend zellgebundenen Wassers ein probates Mittel zur Haltbarmachung und langfristigen Lagerung ist.

In den allermeisten Fällen sind mittelamerikanische (insbesondere Mexiko) und asiatische Staaten sowie osteuropäische oder GUS-Länder die internationalen Herkünfte der getrockneten Nährtiere. Der Wasserentzug geschieht oft durch Sonnentrocknung. Solarenergie steht in heißen Ländern reichlich und kostenlos zur Verfügung, zusätzlich macht man von Heißlufttrocknern oder anderen Hochtemperaturtechnologien Gebrauch. Schließlich ist nirgends das ganze Jahr über Fangsaison und es gilt, den Erntesegen auf Dauer zu bewahren.
Doch bevor man Trocknen und Erhitzen kann, nicht zuletzt um den Richtlinien der Futtermitteleinfuhrverordnung (Hygiene!) zu genügen, muß man der

Eine Tablette an der Scheibe findet regen Zuspruch

futtergeeigneten Organismen erst einmal habhaft werden.

Nur selten gelangen dazu moderne Fangtechnik und Automatisierung zum Einsatz, Manpower in Form zäher Handarbeit und manchmal mit mittelalterlich anmutenden Methoden ist gefragt. Jäger und Sammler kennzeichnen die Futtertierfängerszene. Erfolg und Mißerfolg hängen ganz maßgeblich vom Wetter und anderen Natureinflüssen ab. Schließlich sind überhaupt naturbedingt prinzipiell mögliche Massenvorkommen der begehrten Tierchen eine Voraussetzung für ihre wirtschaftliche Entnahme. Die Fänger müssen sich dazu in ihrem Gebiet bestens auskennen. Bei ortsfesten, nicht oder kaum wandernden Nährtieren wie Schlamm- oder Bachröhrenwürmern (Tubifex, *Tubificiden*) oder Roten Mückenlarven (*Chironomus, Chironomiden*; Larven der Zuckmücken) genügen Kenntnis des lokalen Vorkommens und geeignetes Fangwetter, z.B. ohne Frost. Jahreszeitliche

Getrocknete Flohkrebse; oben Mitte: eine Mückenlarve

Schwankungen in der Häufigkeit des Vorkommens spielen kaum eine Rolle. Anders bei Organismen, die nicht sessil - also örtlich festsitzend - sind, sondern temperatur- und/oder nahrungsbedingte Wanderungen durchführen oder die - biologisch ganz normal, weil durch ihren Entwicklungszyklus bedingt - überhaupt nur in eng begrenzten Zeiträumen des Jahres existieren bzw. an den dem Fang prinzipiell zugänglichen Stellen auftauchen. Dies gilt für die meisten Vertreter des Zooplanktons, also des „tierischen Geschwebes", aus der Gruppe der Kleinkrebschen. Saisonale Gewinnung und Verarbeitung bei doch ganzjährig erwünschtem Handel sind verantwortlich für so manchen Lieferengpaß in dieser Branche. Betrachten wir doch einmal einige Futterorganismen genauer, die neben der getrockneten auch oft in gefrorener oder gar lebender Form (beide Gruppen werden weiter hinten noch besprochen) dem Fischfreund zugänglich sind. Viele sind, wie bereits erwähnt, systematisch den Krebstieren zuzuordnen. Wasserflöhe (*Daphnia* und weitere Gattungen, z.B. *Bosmina, Moina;* meist zusammengefaßt als Daphnien) sind jedem ein Begriff und die Abbildung S. 58 zeigt Vertreter davon. Das Massenvorkommen der größeren Arten (*D. pulex, D. magna*) ist meist auf Frühjahr und Herbst beschränkt, die Hauptvermehrungsphasen mit reichlich Nahrung und optimalen Temperaturen. Wer in der gesamten Vegetationsperiode Wasserflöhe fangen möchte, muß die Wohngewässer schon sehr genau kennen. Die kleineren Arten zeigen relativ regelmäßige und kurz aufeinanderfolgende Phasen der raschen Vermehrung durch Jungfernzeugung (Parthenogenese; ohne Auftreten männlicher Tiere), Eibildung nach Entstehung männlicher Wasserflöhe und Bildung widerstandsfähiger Dauereier kurz vor Zusammenbruch der gerade lebenden Population in sogenannter polyzyklischer Ausprägung. Dazu sind alle Wasserfloharten befähigt, nur sind Häufigkeit und Charakter der Zyklen nicht bei allen regelmäßig und gleichartig. Manche Arten haben nur ein oder zwei dieser auch umgebungsbeeinflußten Kreisläufe der Arterhaltung pro Jahr. Einzelheiten möge man der zoologischen Fachliteratur entnehmen, Stichworte „Cladocera innerhalb der Phyllopoda". *Diaptomus* und *Cyclops* gehören zu einer anderen Krebsgruppe, den *Copepoda* oder Ruderfußkrebschen. „Hüpferlinge" ist ein ebenfalls sehr gebräuchlicher Begriff für diese ebenfalls nur ein bis einige Millimeter „großen" Kleinkrebse. Die Abbildung S. 49 zeigt diese Tiere, deren kleinste und feinste Larven noch geringere Außmaße als die berühmten frischgeschlüpften Artemia-(Salinenkrebs-)Larven haben und die gleichwohl Nauplien (Einzahl: Nauplius) heißen. Sie bilden das „Staubfutter" für Mini-Fischbrut im klassisch-aquaristischen Sinn des Begriffs zusammen mit Rädertierchen (*Rotatorien*). Unter den trocken gehandelten Insekten sind die Roten Mückenlarven aus Zuckmücken (*Chironomidae*) von größerer Bedeutung. Genau wie die zu den Ringelwürmern (*Anelidae*) gezählten Tubifex enthalten sie den von Wirbeltieren bekannten roten Blutfarbstoff Hämoglobin, was ihnen ihre Farbe verleiht. Als Bewohner belasteter Gewässerteile mit Abwasser"qualität" sind sie - zumindest in dauerhaft verabreichter Form - für unsere Fische mit Vorsicht zu genießen. Aufgrund der Rückstandsproblematik - Trocknung konzentriert ja die fraglichen Schwermetalle und Pestizide relativ zur Trockensubstanz - lehnen manche Autoren eine Verabreichung roter Mückenlarven völlig ab (z.B. BAUER 1991). Chironomidenlarven werden bezüglich der Giftstoffspeicherung wegen Einlagerung der diversen Schadsubstanzen im eigenen Gewebe als kritischer angesehen als Würmer, welche - wie Tubifex - weniger zur Anreicherung dort selbst, sondern eher im Darm neigen sollen.

Hersteller und Lieferanten, darauf angesprochen, verweisen indes auf die Schutzmechanismen der Futtermittelgesetzgebung, die Höchstgehalte an unerwünschten Stoffen vor dem „Inverkehrbringen" enthält. Lückenhaft ist dieser „Verbraucherschutz" einstweilen bei einzelnen Verbindungen (z.B. Cadmium) für manche Heimtierarten, so auch Zierfische. Doch ohne das Vorliegen toxikologischer Untersuchungen möchte ich zwar durchaus schlafende Hunde im Sinne von Testanregungen

Rote Mückenlarven

Trockenorganismenmix

wecken, aber keineswegs zur Panikmache beitragen: Als Abwechslung und seltener Leckerbissen mögen getrocknete rote Mückenlarven und Tubifex zeitweilig den Speiseplan bereichern, für einwandfreie frische und gefrostete Ware gilt dies noch eher und zwar so lange, bis wissenschaftlich haltbar das Gegenteil für einzelnen Fischgruppen verifiziert ist. Schließlich gehören diese Nährtiere nicht nur hierzulande zum natürlichen Nahrungsspektrum des Fischvolkes und keinem Aquarianer ist mit Vermutungen aufgrund zweifelhafter Herkünfte der Organismen gedient. Mäßig und nicht regelmäßig heißt einstweilen die Devise, die im übrigen für alle Einzelfuttermittel wegen ansonsten drohender Einseitigkeit der Ernährung zu gelten hat. Andere Nährtiere werden nachfolgend noch behandelt, doch sei wegen der Zusammensetzung (Rohnährstoffdaten) schon hier auf die Tabellen im Anhang verwiesen.

Alle Trockenorganismen sind einzeln oder in Mixen, deren Teilkomponenten sie auch sind, erhältlich. Sinnigerweise zeigen sich bei unseren Fischen bei der Verabreichung oft verblüffende Beute-Erkennungsmechanismen oder doch der „Wille" zum Probieren, was die Beifütterung mit diesen Nährstoffträgern doch erleichtert, wenn nur die Grundform oder grundsätzliche geschmackliche Qualität, teils auch die Farbe, stimmt. Denn wie sollte sonst ein Süßwasserbuntbarsch (*Cichlidae*) futtermäßig auf Krill (*Euphausia*) „fliegen", wo doch diese Seewasserkrebse ganz bestimmt nicht in seiner natürlichen Heimat vorkommen. Aber „Training", also Lernen durch Versuch und Irrtum, Gewöhnung und Futterneid spielen dabei ganz sicher eine Rolle. Artgerechte, abwechslungsreiche Ernährung kann nur durch Probieren der Vielfalt erreicht werden. Und wenn Nähr- und Wirkstoffgehalte dadurch in Summe gegeben sind, müssen Austauschbarkeiten von Futterorganismen ohne Berücksichtigung natürlicher Vorkommensgrenzen bei gegebener genereller Zuträglichkeit für die jeweiligen Fische akzepiert und sinnvoll genutzt werden. Besonders hochwertig, weil sehr schonend und qualitätserhaltend verarbeitet, sind dazu die gefriergetrockneten Spezialitäten an Futtertieren oder -bestandteilen. Die „normale" Trocknung war ja oben schon als einfacher Wasserentzug durch Einwirkung höherer, über 80° C liegender Temperaturen erwähnt worden. Gefriertrocknung ist wesentlich teurer, weil sie einen physikalischen Effekt ausnutzt. Unter bestimmten Bedingungen können einige Stoffe sublimieren, d.h. vom festen unter Umgehung des flüssigen Zustands direkt in die gasförmige Phase übertreten. Das Molekül H_2O, in flüssiger Form „Wasser" geheißen, vermag dies unter Vakuum ausgehend von seinem festen Aggregatszustand, dem Eis: Beschickt man dieses mit nur milder Wärme, verflüchtigt es sich in luftleerer Umgebung direkt in Wasserdampf, den gasförmigen Zustand. Glücklicherweise funktioniert dies auch bei in Futter- oder Lebensmitteln gebundenem Wasser. Man kann sie in dünnen Platten tiefgefrieren, möglichst schockfrosten mit CO_2-Anlagen auf - 60° C, um ihnen und der Umgebung sodann in speziellen Gefriertrocknern mittels Hochleistungspumpen die Luft zu entziehen. Bei nur etwa 40° C erfolgt dann die oben beschriebene Sublimierung, was diesen Prozeß so schonend macht, der Wasserdampf wird abgezogen und man erhält viele der begehrten Nährtiere in sogenannter FD-Qualität. FD steht dabei als Abkürzung für das englische „freeze dried", was nichts anderes als „gefriergetrocknet" heißt. Derart bezeichnete Produkte verheißen eine exzellente, dem lebenden Produkt kaum nachstehende Nähr- und Wirkstofferhaltung, wenn frisches, gesundes Ausgangsmaterial so verarbeitet wurde.

Krill, ein gefriergetrocknetes Exemplar

FD-Krill

Besondere Spezialitäten

Getrocknete Rückenschwimmer (Wasserwanzen)

Hier nun verlassen wir den Bereich der Trockenfuttermittel, zumindest derjenigen, die direkt aus der Packung als Einzel-, Ergänzungs- oder Haupt- bzw. Grund- und Mischfuttermittel Verwendung finden. Daß keines davon - ausschließlich verabreicht und ohne Abwechslung mit anderen - ein echtes Alleinfuttermittel im Sinne des Futtermittelrechts ist bzw. auf Zierfischarten bezogen sein kann (Bedarfswerte!), wurde ja schon erwähnt. Dies gibt es im Bereich der Untergruppe von Haustieren, die wir als Heimtiere bezeichnen, leider nur allzu selten, obwohl uns manche Verpackungsdeklaration etwas anders vorgaukelt und der Gesetzgeber bzw. seine kontrollierenden Behörden diesbezüglich oft beide Augen zudrücken. Die Anforderung, wirklich alle Inhaltsstoffe mit optimalen Gehalten und in ausgewogenem Verhältnis für eine komplette und ausgewogene Allein-Ernährung mit einem Produkt abzudecken, wird lediglich bei ganz wenigen Hunde- und Katzenfuttern erreicht und auch bei Versuchstierkost in der Regel (Labornager) erfüllt. Letztere kann man jedoch als „Normalsterblicher" kaum käuflich erwerben, im Zoohandel erhält man sie jedenfalls nicht.

Dort aber bekommt man die oben angekündigten Spezialitäten für Fische: Sie sind zum Teil zwar auch trocken, aber nicht unmittelbar zu verfüttern. Gemeint sind z.B. Flüssigfutter in Tuben oder Fläschchen. Das sind mit Konservierungsstoffen haltbar gemachte Aufschwemmungen oder konzentrierte Lösungen von Futterorganismen. Auch Trockenfutterpartikelchen, Algen und Dauerstadien (Cysten, Kapseln, Eier) von Kleinstlebewesen des Wassers können in diesen Dispersionen verteilt sein. In Aufzuchtbecken eingebracht, werden diese Substanzen entweder direkt gefressen oder es entwickeln sich daraus die begehrten Beutetierchen mikroskopisch kleiner Natur.

Stets empfiehlt es sich, bei diesen Spezialitäten die Gebrauchsanweisung der Hersteller zu befolgen und auf eventuelle Lagerungshinweise zu achten. Unproblematischer sind getrocknete Mikroorganismen-Präparate, die als Granulate in den Fachhandel kommen und erst durch Ansatz in Wasser zum Leben erweckt werden.

Gefriergetrocknete Fischstücke

Technische Einblicke: Futterproduzenten über die Schulter geschaut

Überleitend zu weiteren Themen der speziellen Futtermittelkunde sollen hier einige Aspekte des Umfeldes der eigentlichen Produktion von Zierfischmahlzeiten dargestellt werden, die bisher zu kurz kamen, aber hier für das Verständnis der Futtermittelindustrie und ihrer Probleme wichtig erscheinen.
Wie die einzelnen Produkte hergestellt werden, wurde bei den einzelnen Trockenerzeugnissen soweit erklärt, wie dies für Zierfischhalter interessant und nützlich ist. Was aber ist der Produktion vor- und nachgeschaltet?
Nun, im Vorfeld steht zunächst die Produktentwicklung. Sie verläuft meist profaner, als man denkt: Ein Praktiker, d.h. Züchter oder „ganz normaler" Aquarianer, die Marketingleute oder vielleicht eine illustre Persönlichkeit aus der „nassen Szene", womöglich auch die Kreativen des Herstellers selbst, irgendeiner aus diesem Kreis hat eine Idee und tut sie kund. Wird sie nicht entweder als völlig übergeschnappt, unbrauchbar, fehl am Platze oder nicht finanzierbar von vorn herein abgetan, geht sie in eine erste Phase der Konkretisierung. Berechnungen werden durchgeführt, mögliche Rohstoffe besprochen, wieder verworfen, weiter diskutiert und ggf. als Muster beschafft. Klein- und Laborversuche schließen sich an, immer kritisch beäugt von den Kaufleuten (Kosten!), den Marketingspezialisten (späterer Vertrieb?!) und natürlich den Produktentwicklern selbst. Sind die erreichten Zwischenergebnisse „stimmig", geht man an die Herstellung im halbtechnischen Maßstab, also eine Art Vorproduktion. Weitere Experimente bestätigen den bisherigen Verlauf oder aber ihre Ergebnisse gehen in nachbessernde Rezeptur- oder Technologie-Änderungen ein. Ziel ist der Erhalt einer sogenannten Null-Serie, nach deren Fertigung alle Beteiligten von der Hoffnung getragen werden, daß nunmehr zur eigentlichen Produktionsreife allenfalls noch Detailänderungen nötig sind.
Grundlegendes darf sich auch nicht mehr ändern, denn meist drängt die Zeit (Ausstellungs- oder Messetermine!) und zudem wurden ja parallel zum eigentlichen Futter auch seine Verpackung sowie ein eventueller Beipackzettel und Werbematerial entwickelt.
Selbst die bei den Betroffenen berühmt-berüchtigten und beim Laborleiter gefürchteten Futterentwicklungs-"Schnellschüsse" müssen nach diesem Schema sauber und korrekt ablaufen, um nur keinen Flop zu provozieren. Schließlich ist auch in der Futterbranche nicht alles Gold, was glänzt, aber letztendlich entscheiden die Aquarianer und - besser noch - ihre Fische über Erfolg oder Mißerfolg einer Produkt-Neueinführung.

Getrockneter Flohkrebskörper

Aber auch der Alltag in einem Herstellerwerk ist nicht ausschließlich von stumpfer Routine geprägt. Dagegen spricht allein schon der Fakt, daß man es ja überwiegend mit Naturprodukten zu tun hat. Der Einkauf kümmert sich um bestehende und mögliche neue Rohstoffquellen, Warenkontrakte sind auszuhandeln und rechtzeitig vor Schwinden der Vorräte abzuschließen. Lieferanten, Groß- und Zwischenhändler, Speditionen und Dienstleister bzw. eigene Abteilungen für das Drumherum der gesamten Maschinerie sind zu kontakten, überwachen, prüfen und pflegen.
Die Qualitätssicherung bemüht sich (hoffentlich) um Zahlen, Daten und Fakten, sprich: Analysenwerte, bei Rohwaren-Eingangskontrolle, Produktions- und

Futterdosen-Füll- und Siegelanlage

Fertigproduktüberwachung sowie bei der Lagerung und ordnungsgemäßen Verpackung der Ausgangsstoffe. Manche Flockenrezeptur enthält in der Tat zweistellige Komponentenzahlen bei der Rezepterstellung, und auch bei anderen Erzeugnissen der vielfältigen Futterindustrie soll das Endprodukt nicht nur einwandfrei, sondern auch weitgehend preisstabil sein. Und das unabhängig von den Marktschwankungen und Preissprüngen der Rohstoffe, die insbesondere bei Futterorganismen und Fisch- sowie Krebsmehlen und deren Derivate, wie Proteinkonzentraten, teils recht gewaltig sind.

Die fertigen Futtermittel sind in handelsübliche Gebinde zu verpacken. Ein entsprechender Maschinenpark von Waagen, Volumendosierern, Abpack- und Siegeleinrichtungen steht da zur Verfügung. Wartung, Reparaturen und Chargenwechsel unterbrechen hin und wieder die reibungslos gewünschten Abläufe. Dahinter steht eine leistungsfähige Logistik mit allen Maßgaben der Arbeitsvorbereitung. Als ideal im Sinne der empfindlichen und wertvollen Futterprodukte haben lichtgeschützte und möglichst dicht schließende Einzelpackungen zu gelten, auch wenn mancher Tierbesitzer die Produkte gern sehen würde. Aber Klarsichtpackungen sind leider nicht das Gelbe vom Ei, da viele Vitamine durch Lichteinfall einem verstärkten und beschleunigten Abbau unterliegen. Fischfutterdosen für lagermäßig besonders heikle Erzeugnisse sollten unter dem Schraubdeckel zusätzlich versiegelt sein. Fest aufgebrachte Metall-, Kunststoff- oder Verbundfolien erfüllen diesen weiteren Schutzzweck vorbildlich.

An anderer Stelle im Werk sind Fütterungstests und Futterversuche an der Tagesordnung verantwortungsvoller Lieferanten, ein Termin mit der behördlichen Futtermittelkontrolle steht ins Haus oder der Amtsveterinär vor der Tür.

Und beinahe überall in der Fabrik riecht es fischfuttertypisch, nur Unbedarfte würden behaupten, es stinkt teilweise. Daß davon möglichst wenig nach außen dringt, dafür sorgen allgemeiner Umwelt- und spezieller Immissionsschutz meist über die Gewerbeaufsichtsämter. Auch vorbeugende Schädlingsbekämpfung ist im Futterbereich immer ein Thema und im internationalen Warenverkehr verdienen die Kammerjäger dabei zu Recht nicht wenig mit.

All dies möge jeder Zierfischbesitzer bedenken, der

eine Futterdose oder sonstige Fischmahlzeitverpackung mehr oder weniger lieblos öffnet und wie selbstverständlich zuteilt. Etwas mehr Respekt, vielleicht gar beinahe ehrfürchtige Achtung dieses aufwendigen Gesamtapparates der Fischfutterproduktion ist nun, da der Leser allmählich zum Kenner wird, schon angesagt, oder?

Tiefgefrorene Köstlichkeiten

Hier bestückt nun „Väterchen Frost" die fischige Gulaschkanone, denn auch die Tiefkühltruhen oder -schränke des Fachhandels halten manche Köstlichkeit bereit.

Alle Organismen, die als getrocknete Einzelfutter zuvor schon erwähnt wurden, gibt es auch tiefgefroren, d.h. möglichst frisch und ohne zuvorigen Wasserentzug gefrostet.

Hinzu kommen noch viele andere, die in den Anhangstabellen dokumentiert sind und hier kurz betrachtet werden sollen:

Krill, ozeanische Kleinkrebse der Gattung *Euphausia,* wird vor allem in antarktischen Gewässern erbeutet, wo er auch großen Meeressäugern als Nahrung dient. Auch viele Meeresfische schätzen diese Kost, von der bei Süßwasserfischen in regelmäßig größeren Mengen abgeraten wird. BAUER (1991) beschrieb die großen, relativ harten Stacheln dieser Krebschen, die den Süßwasserfischdarm (mangels der bei Meerestieren gegebenen Widerstandsfähigkeit) schädigen können, weil sie zur Abwehr vom Körper mit einer Bindegewebshülle umgeben werden. Da viele faunivore Fische hier eine sehr hochwertige Nährstoffquelle finden könnten, sollten genauere Untersuchungen die artspezifische Unbedenklichkeit oder Gefahr detaillierter klären.

„Mysis" ist die Bezeichnung von fast senkrecht schwimmenden Sand- oder Schwebegarnelen der Familie *Mysidae,* etwa bis 2 cm großen Kleinkrebsen überwiegend des Meer- und Brackwassers. Die meist hellen oder durchsichtigen, recht urtümlichen Garnelen fanden zunächst in der Fütterung von Meeresfischen Anklang, um sich von dort aus kulinarisch auch die Räuber des Süßwassers erobern

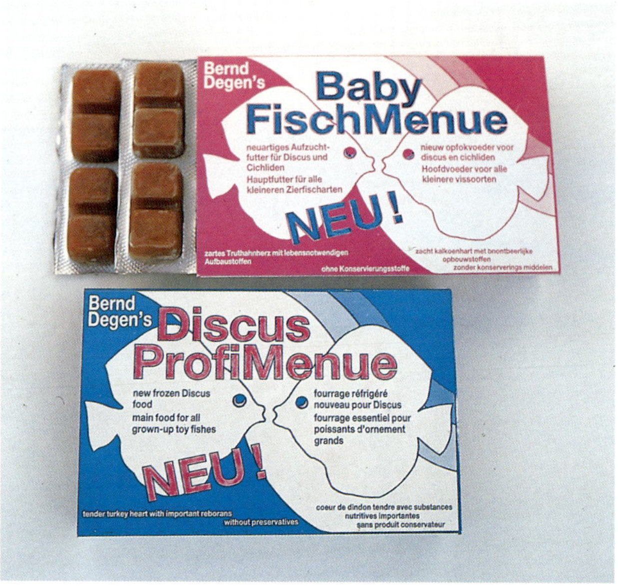

Frostfutter in Blisterpackung, Foto: bede

zu können. Leider fand ich nur eine Veröffentlichung zu den Nährstoffgehalten dieser sicher recht wasserhaltigen, zerbrechlichen Wesen (siehe Anhang): Hier wären weitere Analysen angebracht, um den außerordentlich hohen Proteingehalt in der Trockensubstanz auf die Basis verläßlicher Mittelwerte zu stellen. Die Flohkrebse der Ordnung *Amphipoda* (3700 Arten!) stellen mit den *Gammaridae* (vereinfachend wird meist nur die Gattung *Gammarus* genannt) eine riesige Gruppe von Futtertieren des Süß-, Brack- und Meerwassers. Lebende Ware gibt es auch von europäischen Küsten, doch stammen die Trocken- und Frostflohkrebse meist aus östlichen Gefilden. Die Länder der ehemaligen Sowjetunion gewinnen jährlich hunderte von Tonnen dieser mineral- und chitinreichen Krebstiere. Allein im Baikalsee gibt es nahezu 200 nur hier anzutreffende (endemische) Arten und im kaspischen Meer sind es auch rund 50 verschiedene Formen. Neben Rußland beliefern auch die Ukraine und Kasachstan mehr oder weniger regelmäßig den Weltmarkt.

Salinenkrebschen (*Artemia*) oder „brine shrimps" sind neben der Dauereierform zum selbst „Erbrüten" der kleinen Nauplius-Larven auch als Masse ausgewachsener Tiere erhältlich. Sie sind beinahe

so nahrhaft wie Krill, dabei absolut unbedenklich und mit wenig Rohasche-Anteil sowie kaum Rohfaser hochverdaulich. Eine Abwechslung mit ballaststoffreicherer Kost (mehr Rohfaser und -asche laut Tabellenanhang) bietet sich an.
Unter den Insekten sind Mückenlarven eine gängige (Frost-)Futtersorte. Die Roten wurden ja ausführlich vorgestellt. Etwas fetter scheinen die anderen beiden häufigen Gruppen zu sein: Schwarze Mückenlarven entstammen verschiedenen Stechmückenspezies, weshalb sie gefrostet eine sicherere Nährstoffquelle als Frischware darstellen (Abbildung S. 58).
Mückenarten der Gattung *Chaoborus* oder *Corethra* sind ausgewachsen für uns harmlos. Ihre Larven, die „weißen Stäbchen" sind helle, fast durchsichtige Räuber in unbelasteten Gewässern. Leider selten geworden, stellen sie eine ausgezeichnete Verpflegung dar.
Neben kleinen, gefrorenen Futterfischen oder Filetstückchen davon werden auch Rinderherz, oder besser das feinere Truthahnherz, das aber aufwendiger vorbereitet werden muß, oder Rinderleber sowie Garnelen- und Muschelfleisch als Frostfutter angeboten. Ausgelöste Garnelen sind eine fettarme Eiweißbombe praktisch ohne Ballaststoffe.
Doch nun einiges zur Gewinnung und Verarbeitung von Frostfutter:
Die Fang- und Aufbereitungsmethoden decken sich mit denen, die unter den der „Natur abgeschauten, getrockneten Futtertieren" oben beschrieben wurden. Aber abgesehen von ganzen, gefrosteten Organismen finden im Bereich Frostfutter auch weitere Einzelfuttermittel, Teile oder Organe von Nährtieren, sowie echte Mischfuttermittel aus vielen erst vermengten, dann portionierten und schließlich verpackt tiefgefrorenen Verpflegungsrationen ihre Futterküchenbestimmung.
Als handelsüblich gelten einfache, flache, durch Bruch leicht portionierbare Platten, die etwas neuartigen, schokoladetafelförmigen Frostfutter mit Sollbruchstellen, und schließlich die ganz modernen, verpackungsaufwendigen Blister-Portionierungen unterschiedlicher Größen. Blisterpackungen sind

Frischgebrühte Garnelen werden zur Frostung vorbereitet
Foto: bede

Kunststoffschälchen, meist zu mehreren Förmchen verbunden, die einzeln befüllt mit Folie versiegelt werden. In noch hartgefrorenem Zustand lassen sich die Portionen durch Druck auf die Form durch die Folie herauspressen oder die Versiegelungsschicht ist zur Futterentnahme leicht abziehbar.
Für alle Frostfuttersorten gilt, daß sie sicherheitshalber nur in aufgetautem Zustand verabreicht werden sollen. Eiskalte Futterbrocken, innen vielleicht gar noch fest gefroren, können zu erheblichen Verdauungsstörungen führen.
Das langsame Auftauen bei Zimmertemperatur oder - tags zuvor der Tiefkühltruhe entnommen - im Kühlschrank bietet gleichzeitig eine hervorragende Gelegenheit für eine Qualitätsprobe. Denn gerade bei Frostfutter lohnt sich ein Vergleich des Preis-/Leistungs-Verhältnisses:
Man taue auf einem feinmaschigen Gewebe, etwa einem Artemiasieb, die Frostportionen auf. Die abgetropfte Flüssigkeitsmenge ist zu verwerfen, da sie das Aquarienwasser stark belastet. Gleichzeitig ist sie ein Maß für die Qualität der Fischtiefkühlkost, je mehr man findet, desto mehr abtropfendes Wasser hat man gekauft. Dabei spricht hell abtropfende „Soße" für die Zugabe von Prozeß-

Eine „schwarze“ Mückenlarve

Quicklebendig, ein Wasserfloh

wasser kurz vorm Gefrieren, was zwar erlaubt, aber nicht immer billig ist. Eine dunkle Brühe resultiert entweder aus schlecht gereinigtem Ausgangsmaterial oder aus Verarbeitungsfehlern. Zu hoher Druck auf das Gefriergut vorm Erstarren und/oder zu langsames Absenken der Temperatur führt zum Platzen vieler Zellen im Frostfutter. Beim Wiederauftauen tritt dieses Gewebswasser (Blut, Hämolymphe, Zellsaft) rasch aus und mindert die Qualität der Ware.

Die Auftaudauer wird - auch wenn eine Mikrowelle benutzt wird - aus Erfahrungswerten für die einzelnen Futtermittel und Produktgrößen so festzulegen sein, daß gerade ein komplettes Auftauen (Griffprobe!) gewährleistet ist. Denn eine Erwärmung, selbst längeres Stehen bei Raumtemperatur, ist zu vermeiden, um die empfindlichen Frostwaren nicht dem beginnenden Verderb auszusetzen. Auch hierbei sind die Nährtiere aus ursprünglich schlechter Wasserqualität (Tubifex, rote und schwarze Mückenlarven) aufgrund der naturgegebenen Bakterienfracht am gefährdetsten.

Ganz natürlich: Lebendfutter!

Klar, lebende Beutetiere sind das Futter, welches in der freien Natur von allen Omnivoren als wesentlicher, von Faunivoren als praktisch ausschließlicher Bestandteil der Alltagskost und selbst von vielen nicht so strengen Herbivoren als gelegentliche Leckerbissen verzehrt wird. Es hat gegenüber allen bisher behandelten Futterstoffen einen absoluten Vorteil: Es bewegt sich! Zudem wurde es von der Natur „komponiert“ und Beute- wie Zielorganismen sind in der Entwicklungsgeschichte bestens aufeinander abgestimmt.

Dies geht soweit, daß nicht nur die Körperzusammensetzung der Beute selbst den Nährwert liefert, sondern auch die Substanzen in ihrem Verdauungskanal. Was die Beutetiere zuvor gefressen haben, ist für das nächste Glied der Nahrungskette keinesfalls nur Ballast sondern oft gar lebensnotwendig. Dies kann soweit gehen, daß in der Nahrung der Beute oder in ihr selbst enthaltene Enzyme, also die Verdauung unterstützende biologische Hilfssubstanzen (Fermente; Biokatalysatoren) vom Räuber mit ausgenutzt oder sogar unbedingt gebraucht werden. Auch bei einigen Fischen wird dies diskutiert.

Unabhängig davon ist Lebendfutter für faunivore Tiere absolut unabdingbar, bei anderen Nahrungstypen ganz sicher eine willkommene Abwechslung. Viele Fische „blühen“ förmlich auf, wenn sie ab und zu bewegter Beute nachjagen dürfen. Dieses natürliche Jagdverhalten schärft die Sinne und fördert die Bewegung. Besser kann artgerechte Haltung und Pflege gar nicht verwirklicht werden. Doch wie bekommt man die begehrte Lebendbeute? Die gleich zu diskutierenden Alternativen heißen Fang, Kauf und Zucht.

Fangen oder nicht, das ist hier die Frage

Besser nicht, um gleich einmal die Antwort auf diese so wichtige und bei Bejahung oft folgenschwere Frage vorweg zu nehmen.
Warum aber?
Da sind zunächst einmal eigentumsrechtliche Vorbehalte. Selbst sogenannte öffentliche oder freie Gewässer gehören jemand und somit wird die Entnahme von irgendetwas ohne Erlaubnis daraus zu Diebstahl. Ob und warum dies früher vielleicht nicht so war oder so gesehen wurde, vermag ich nicht zu sagen. Glaubt man jedenfalls den Erzählungen unserer Altvorderen, wurde damals recht sorglos „getümpelt", wie diese Freizeitbeschäftigung zur Erbeutung lebender Fischnährtiere hieß. Und weil es eben nicht nur für Gartenteiche und Aquarien interessante Fischnährtiere sind, sondern vor allem in dem Gewässer ihres natürlichen Vorkommens, fallen sie meist auch noch unter das Fischereirecht und werden faktisch-rechtlich und jeder Biologie zum Trotz als Fische eingestuft. So wird unbefugte Wasserflohjagd zum Fischfrevel, der Ansitz auf Gammarus, Tubifex und Co. ohne Erlaubnis des Fischereiausübungsberechtigten gerät zur Wilderei.
Wer also tümpeln will oder in Fließgewässern auf Lebendfutterfang gehen möchte, sollte Eigentümer und eventuelle Fischereipächter zuvor um Genehmigung bitten.
Für Fänge in größerem Stil wird die kaum zu erhalten sein, da die Bedeutung der Naturnahrung für die fischereiliche Bewirtschaftung des Gewässers immens ist. Aber selbst bei zu erhaltender Erlaubnis oder Mitgliedschaft im zuständigen Anglerverein mit Fischereiberechtigung sprechen außer rechtlichen Bedenken noch ganz andere, viel wichtigere Gründe gegen den Fang von Lebendfuttern aus Gewässern, in denen auch Fische beheimatet sind: Die Gefahr, daß mit Nährtieren unsere Fische daheim bedrohende Krankheiten eingeschleppt werden können, ist sehr groß. Denn prinzipiell sind sämtliche Infektionen, unter denen einheimische Wild- und Nutzfische leiden können, auch auf Zierfische übertragbar. In und auf Futterorganismen findet man Viren und Bakterien, die für den Ausbruch von diversen Fischkrankheiten verantwortlich sind. Als sogenannte Vektoren dienen dann die Nährtiere nur der Übertragung dieser Keime, ohne selbst zu erkranken.
Hinzu kommt, daß bestimmte (Dauer-)Infektionsstadien von Fischparasiten eine (unabdingbare) Entwicklung in niederen Tieren durchmachen, die - bewußt von der Evolution so „eingerichtet"- den Fischen als Futter dienen. Weitere Einzelheiten nennt das Kapitel „Auch Futter kann krank machen".

Lebende Tubifex sind ein sehr beliebtes Futter in den Zuchtfarmen Thailands. Foto: bede

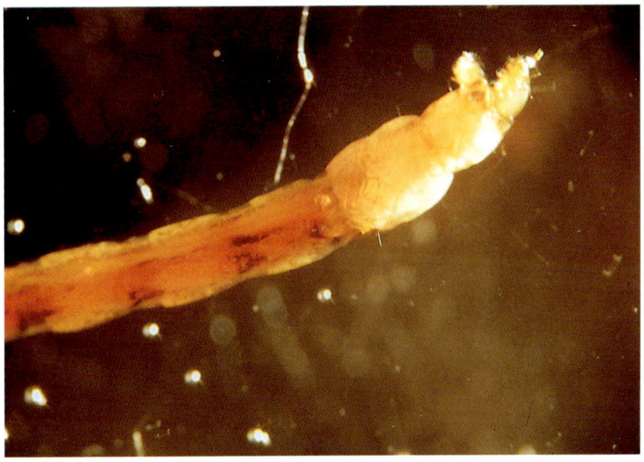

Rote Mückenlarve, Kopfstudie

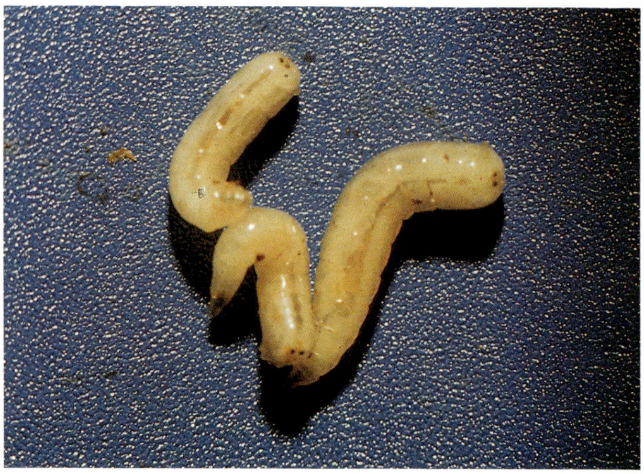

Nahaufnahme von Fliegenlarven (Maden)

Zurück zur Ausgangsfrage heißt die Antwort also eindeutig: Selbstfang von Lebendfutter nur aus fischfreien (Klein- und Kleinst-)Gewässern unter Beachtung der rechtlichen Situation, ansonsten bliebe es bei dem klaren „Nein" dazu, was Wassertiere - also auch Futterfische - betrifft.
Blattläuse und sogenanntes „Wiesenplankton" können jedoch bei lokalen Überschüssen der Natur entnommen werden, um sie unseren Pfleglingen anzubieten. Die Eigentumsverhältnisse sind zu berücksichtigen und der Besitzer ist wegen des Fangzeitpunktes zu fragen. Schließlich streift man zur Erbeutung der fliegenden und hüpfenden Wieseninsekten mit einem großen Kescher durchs Gras. Und kein Landwirt sieht das gern, wenn etwa der Schnittermin für die Heuernte kurz bevorsteht. Auch stehen viele Käfer, Schmetterlinge und andere kleine Grasbewohner unter Artenschutz, sodaß eigentlich nur noch Bestimmungsspezialisten guten Gewissens auf Kleininsektenfang per Wiesenkescher gehen können.
Eine Fliegenfalle zum Lebendfang sorgt für Stubenfliegen und Fleisch- bzw. Schmeißfliegen, die man größeren Fischen durchaus anbieten kann. Auch ihre in einem Fleischköder aus den dort abgelegten Eiern heranwachsenden Maden sind eine Abwechslung auf dem Lebendfutter-Speisezettel. Grundsätzlich sollten Sie alles ausprobieren, was von der Größe her ins Fischmaul paßt und was ins natürliche Nahrungsspektrum der Wasserbewohner gehören könnte. Mit etwas Phantasie kommt man schnell darauf, daß dazu nicht nur die sogenannte Anflugnahrung auf der Wasseroberfläche gehört, sondern durchaus auch Landbewohner wie Spinnen, Würmer, Asseln, Käfer, die oben genannten Arten u.v.m., die unfreiwillig auch in der Natur zeitweise in Gewässer gelangen. Bei Heuschrecken, Grillen und Heimchen greife man lieber auf käufliche oder selbst gezüchtete Exemplare zurück. Dazu gleich mehr.

Immer häufiger im Handel: Käufliche Lebendbeute

Sicher im vorgenannten Sinne der hygienischen Unbedenklichkeit kann man auch hier nicht sein, es sei denn Fänger und/oder Lieferant wären bereit, eine entsprechende Garantie „aus fischfreien Gewässern" zu geben.

Auch lebende Gammariden (Flohkrebse) kann man kaufen. Foto: bede

Aber bestimmt hinsichtlich fischerei- und eigentumsrechtlicher Vorbehalte gegen Lebenfutter kann man bei gekauften Zappeltieren schon sicher sein. Die im Aquarianerpreis berechtigterweise natürlich mit einkalkulierten Transport- und Verpackungskosten lassen aus gekaufter Beute kein billiges Fischvergnügen werden. Bedenkt man, daß Lebendfutter meist in Wasser (schwer!), gekühlt und isoliert zur Auslieferung kommen muß, werden die

wenigsten zwar stolzen, aber nicht immer gut betuchten Fischbesitzer ihren Flossenträgern solche Gourmetprodukte tagtäglich bieten können. Sollen sie auch nicht, solange es Alternativen gibt (Zucht!) und man durch zusätzliche Produkte für Abwechslung sorgen kann. Aber wer gar keine Möglichkeiten hat, an unbedenkliche Wasserflöhe, diverse Mückenlarven, Würmer und Krebschen heranzukommen, sollte sich doch einen Zoofachhändler suchen, der wenigstens ab und zu (besser: So regelmäßig als möglich) lebende Fischnährtiere im Angebot hat. Dann aber bitte nicht streng getreu dem Motto „nur Sonntags gibts was Besonderes". Man sollte gekauftes Lebendfutter gleich dann einsetzen, wenn es gerade frisch im Handel eingetroffen ist. Denn es hat ja schon eine gewisse, oft längere, Zwischenlager- und Transportzeit hinter sich und man sollte es nicht unbedingt noch länger aufbewahren.
Der Futterwert sinkt und die Zahl verendeter Futtertiere steigt, was durch sekundäre (aber natürliche und unvermeidbare) Keimbesiedlung und Verpilzung nur Nachteile bringen kann.
So kommen ausgewachsene Artemien (Salinenkrebschen) als Lebendware nur selten aus dem Mittelmeerraum, obwohl man in dortigen Salinen sicher noch mehr derartige Kulturen anlegen könnte. Meist sind sie per Flugtransport aus Südostasien unterwegs, werden hier noch umverpackt und gelangen erst jetzt via Zoofachhandel in die hungrigen Mäuler unserer Fische.

Enchytraeen

Reicher Besatz in der Enchytraeen-Zuchtkiste; Foto: bede

Futtertierzuchten als Alternative zu Fang und Kauf

Dieses Kapitel muß für den hier gebotenen Rahmen zwangsläufig kurz gehalten werden. Die äußerst umfangreichen und vielschichtigen Inhalte rechtfertigten ohne weiteres ein eigenes Buch. Daß die Thematik damit keineswegs erschöpft ist, beweisen entsprechende Veröffentlichungen in allen aquaristischen und terraristischen Zeitschriften. Der Ideenreichtum bei der Variation der Haltungsbedingungen mit dem Ziel der Optimierung (mehr Ausbeute in kürzerer Zeit und/oder Qualitätsverbesserung) kennt - glücklicherweise, muß man sagen - kaum Grenzen. Auch eine Sammlung der Zucht- und Nährsubstrate, also der für selbst gezogenes Lebendfutter geeigneten Futtermittel, würde ganze „Kochbücher" füllen. Kaum wurde eine „garantiert funktionierende", vielleicht etwas komplizierte Rezeptur oder Methode veröffentlicht, finden sich mit an Sicherheit grenzender Wahrscheinlichkeit Futtertierspezialisten, die sie vereinfachen, ausbauen oder sonstwie modifizieren oder auch nur kritisieren werden.
Bei aller Liebe zum Detail gilt es hier aber, sich bezüglich eigener Futtertierzuchten auf das Wesentliche zu beschränken und als ergänzenden Überblick die

Skalare, Enchytraeen fressend; Foto: bede

entsprechende Tabelle mit Daten zu einer Auswahl von aquaristisch interessanten, relativ leicht nachzüchtbaren Nährorganismen im Anhang zu beachten.

Grundsätzlich gibt es zwar für jede Futterzucht-Tierart mindestens ein Grundschema oder eine Basis-Anleitung. Daß deren Durchführung nicht immer und überall von wirklichem Erfolg gekrönt ist, liegt häufig genug an folgendem: Denken und Handeln in nur eine Richtung ist bei lebenden Systemen, mit denen wir es ja hier wie bei unseren Teich- und Aquarienpfleglingen zu tun haben, fast immer fatal. Denn niemals sind Erfolg oder Mißerfolg einer Zucht nur einfaktoriell bedingt. Vielmehr wirken parallel mehrere Faktoren in und auf Lebewesen. Und so kann beispielsweise ein optimales Substrat (worauf und/oder wovon Futtertiere leben) nie zufriedenstellend-durchschlagend wirken, wenn andere Umgebungsparameter, wie etwa Temperatur, Licht und Feuchtigkeit, nicht gleichfalls perfekt stimmen oder Krankheits-, Schadstoffanreicherungs- oder Fremdorganismen-Streß auf die Zuchttiere negativ einwirken.

Aber wer etwas Platz hat und einen Teil seiner Freizeit auch dem Lebendfutter widmen kann und möchte, sollte sich unbedingt in den Kreis der Futtertierzüchter einreihen. Selbst wenn nur ab und zu ein kleiner Leckerbissen aus eigener „Produkti-

on" anfällt, rechtfertigt die Fütterungsabwechslung die - manchmal gar nicht so große - Mühe um die Lebendnahrungsvermehrung.
Eines ist nämlich gewiß: Bei Selbstgezogenem weiß man, wo es herkommt und wie es entstanden ist und mögliche Fehler braucht man nicht bei anderen zu suchen. Schließlich gilt für alle möglichen Futtertierzuchten vom Plankton bis zum Wirbeltier (z. B. Futterfisch) der alte Züchterspruch: Lebendfutter ist das, was es ißt. Wenn lebendfrisch verabreichte, tierische Kost nicht nur als Ballaststoff oder das Jagdverhalten anregende Zappelbeute gesehen wird, müssen auch die zu verfütternden Lebewesen gut und artgemäß gehalten und vor allem optimal ernährt werden. So gewissermaßen „gedopt" tragen sie vielfältige Nähr- und Wirkstoffe in die Zielorganismen, unsere Fische.

Manchmal gehts nicht anders: Selbstgemachtes ist angesagt

Angesichts dessen, was der Futtermittelmarkt in Verbindung mit selbsterzeugtem oder nach alter Väter Sitte in der Regentonne (Stechmückenlarven!) gefangenem Lebendfutter so hergibt, kann und sollte man im Normalfall selbst als experimentierfreudiger Aquarianer oder Teichbesitzer auf eigene Kreationen im Mischfutterbereich verzichten.
Und dies nicht ausschließlich deshalb, weil ich für die Futtermittelindustrie - zumindest für weite Teile derselben - eine Ausschließlichkeitslanze brechen und den verantwortungsvollen Zoofachhandel hochhalten möchte. Nein, ein wichtiger Grund für meine Empfehlung auf weitgehenden Fischfutter-Selbstkochen-Verzicht ist das Wissen darum, daß diesbezüglich sehr viel, und vor allem was dabei alles falsch gemacht wird. Leider wird insbesondere im Zusatzstoffsektor der Vitamine und Mineralien nur allzuoft die ebenso in den Köpfen festsitzende wie falsche Bauernregel „viel hilft viel" beherzigt. Von Ausgewogenheit kann dann keine Rede mehr sein und - gerade bei fettlöslichen Vitaminen - ist des Guten rasch zuviel getan. Auch liest sich manche Rezeptur zum Selbstbereiten mehr oder weniger zuträglicher Fischfuttermixe recht abenteuerlich und eine ebensolche Zusammensetzung resultiert schließlich daraus. Aber was sind bei Zutatenmengen schon „gehäufte" oder „gestrichene" Tee-, Kaffee- oder Suppenlöffel und wer wagt, die hinter der Vorschrift „eine Messerspitze voll" oder „drei Spritzer/Tropfen" o. ä. steckende, tatsächlich gewollte Mengenangabe zu beziffern?
Korrektes Messen, Wiegen und Rechnen wären unabdingbare Voraussetzungen für den Fischfutterkoch am eigenen Herd, letzteres nur in Kenntnis und Berücksichtigung der Rohnährstoffdaten sämtlicher verwendeter Zutaten und zwar einzeln nach Minima und Maxima, sowie in ihrem Verhältnis zueinander. Doch dies ist graue Theorie und kann, wie gesagt, eigentlich nicht empfohlen werden. Eine Ausnahme lasse ich gelten:
Wenn für eine sauber und fachmännisch diagnostizierte Fischkrankheit kein Fütterungsarzneimittel oder fertiges Medizinalfutter erhältlich ist, sollte man eine verordnete und gezielte orale Pharmakagabe über Einrühren in ein selbst zubereitetes, mit Agar-Agar (Algenerzeugnis) gebundenes Naßfutter anstreben. UNTERGASSER beschreibt dazu eine brauchbare Rezeptur auf der Basis von Rinderherz und Spinat (siehe Literaturverzeichnis). In Verbindung mit Verarbeitungshinweisen zu den einzelnen Medikamenten ist den dort getroffenen Anweisungen exakt Folge zu leisten.
Auch Spezialgelatine in Aspikqualität, die im Gegensatz zu Agar-Agar ein Auftauen nach einer eventuellen Tiefkühlung schadlos, d.h. ohne wieder weich oder gar flüssig zu werden, vertragen soll, kann als Binder für Medizinal- oder Appetithappen geeignet sein.
Besonders bei der Gabe solcher Halbfeuchtfuttermittel sind Futterreste unbedingt zu vermeiden, bzw. alsbald zu entfernen. Umgekehrt ist eine Überfütterung mit Medizinalfutter natürlich ebenfalls fatal!
Selbstverständlich betrifft mein Gebot zum weitestgehenden Selbstbereitungsverzicht nur Mixe, also Mischfuttermittel aller Art, die als Grund- oder Hauptfutter eingesetzt werden sollen.
Jedes Beifutter zur Auflockerung und Bereiche-

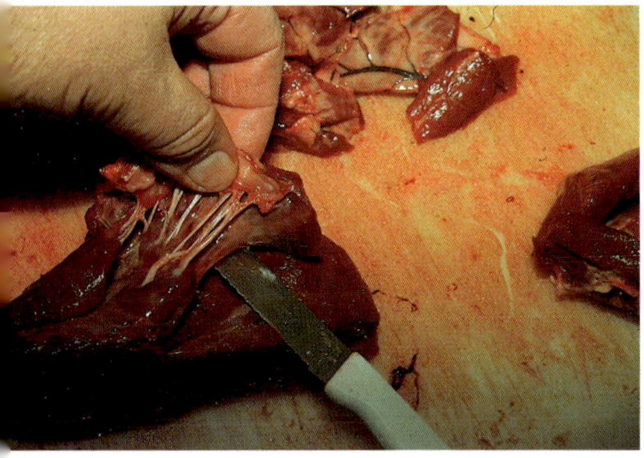

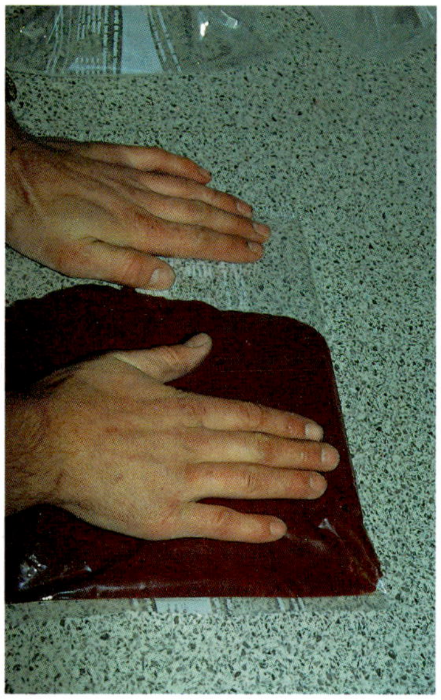

Die Herstellung von Rinderherzmischungen erfordert größte Sorgfalt, denn die gute Reinigung des Herzmuskels ist wichtig, da es sonst zu Verstopfungen kommen kann. Im Fachhandel sind fertige Rinderherz- und Truthahnherzmischungen in verschiedenen Größen erhältlich. Bevorzugen Sie Fabrikate mit Angabe der Inhaltsstoffe. Bei einer eigenen Kleinmengenherstellung kann das Herz in einer Küchenmaschine zerkleinert werden. Jedoch ist ein zu feines Zermahlen oft nachteilig, da sich das Futter im gesamten Aquarium verteilt. Übriggebliebenes Futter sollte baldmöglichst wieder abgesaugt werden. Der Fleischmischung können verschiedene Zusätze, wie Futterflocken, Futterpellets, Algen, Paprika, Spinat oder sogar Kräuter zugesetzt werden. Auch die Zugabe von zerkleinerten Shrimps ist gut. Das Futter wird durch Vermischen besser gebunden und in Plastikbeuteln eingefroren. Fotos: bede

rung des Speisezettels und zur Vermeidung von Einerlei wie Grün-, Lebend- und Einzelorganismenkost darf selbstverständlich liebevoll selbst besorgt, bereitgestellt und verabreicht werden. Wer beispielsweise nach der Lektüre der vorhergehenden Kapitel nun geraumen Rückstandsrespekt vor Chironomiden und Tubificiden hat, der „strecke" diese käuflichen Rohwaren doch einfach mit Daphnien oder zerkleinerten Gammariden. Derartige „Cocktails", auch gemischt aus trockenen, frischen und gefrorenen Komponenten, sollten viel öfter probiert und variiert werden. Innige Vermischung beugt dabei dem häufig zu beobachtenden, selektiven Herausfressen besonders leckerer Zutaten etwas vor. Die nachfolgenden Kurzkapitel zur eigentlichen Fütterungspraxis geben dazu bestimmt reizvolle Anregungen und bauen auf den bisherigen Informationen auf.

FÜTTERUNGSPRAXIS

Nach soviel grundlegender allgemeiner Theorie und spezieller Futtermittelkunde, die den ganz entscheidenden Aspekt "Was wird verabreicht" behandelt hat, beschreibt nun das fütterungspraktische Kapitel, das nicht minder wichtige "Wie" der diversen Futtergaben und die Möglichkeit der Darreichung.
Daß man Fische möglichst vielseitig und abwechslungsreich, artgemäß und so weit als möglich bedarfsgerecht unter Berücksichtigung des Ernährungstyps (Tabelle im Anhang!) verköstigen muß, ist häufig genug angedeutet worden und zieht sich - manchmal vielleicht nur zwischen den Zeilen zu lesen - gewissermaßen als roter Faden durch diesen Ratgeber.
Man kann es gar nicht oft genug betonen, daß man bei omnivoren Flossenkindern (und das sind ja die meisten Zierfischarten) durch ein sehr variabel gestaltetes Angebot von Misch-, Haupt- und Einzel- oder Ergänzungsfutter in den Formen Trocken-, Frost-, Lebend- und Grünkost am wenigsten falsch machen kann. Auch in der humanen Ernährung - und Menschen sind schließlich auch omnivore Gemischtköstler - strebt man Vielfalt und Abwechslung an, nicht zuletzt, um Einseitigkeit zu vermeiden.
Manchen Ernährungsbesonderheiten, speziellen Bedürfnissen und beispielhaften Fischgruppen sind später noch einige Kapitel gewidmet. Bleiben wir zunächst noch etwas allgemeiner:

Wie oft - wie lang: Ganz entscheidend ist die Menge

Kein Wasserbewohner sollte in einem permanenten Schlemmerparadies leben, denn Überfütterung ist nach wie vor der häufigste Ernährungsfehler (nicht nur) bei Fischen. Organ-, insbesondere Leber-Verfettungen sind die oft erst posthum zu diagnostizierende Folge. Bei der Frage nach der richtigen Futtermenge ist unbedingt Fingerspitzengefühl in der wahrsten Bedeutung des Wortes und im übertragenen Sinne als Kombination aus Beobachtungsgabe und Einfühlungsvermögen (neudeutsch: Feeling) bei der Zuteilung gefragt. Diese doch sehr vagen Begriffe, deren erfolgreiche Anwendung man im Bereich der Zierpflanzengärtnerei den Leuten mit einem "grünen Daumen" zuschreibt, gilt es hier für die Zierfischfütterung doch wenigstens etwas zu präzisieren.
Dazu sei zunächst die Fütterungshäufigkeit spezifiziert. Getreu dem Motto "sieben Experten gefragt, neun Meinungen gehört" schwanken die Angaben von "mehrmals täglich" über "einmal am Tag" bis zu "maximal vier mal wöchentlich".
Betrachten wir auch hier wieder zunächst die Natur: Solange die täglichen Aktivitätsphasen dauern, sind die meisten Fischarten - Sie wissen schon, die Omnivoren, hier aber auch die Pflanzenfresser- mehr oder weniger ständig und viele fast rastlos unterwegs. Sie tun dies nicht etwa spaßeshalber und aus Lust am Umherschwimmen, die Ursache ist vielmehr eine permanente Suche nach Futterhappen in Klein- und Miniportionen. Auf Vorrat fressen ist nur bei einigen Räubern drin, die über einen entsprechend dehnbaren Magensack verfügen, der große Beute(tiere) auf einmal aufzunehmen vermag. Magenlose Fische, wie die Karpfenähnlichen im weiten Sinne, vertragen - eben weil es ihrer natürlichen Ernährungsweise entspricht - eher mehrere und dafür kleinere Futtermengen. Daraus und in Verbindung mit der eingeschränkten Bewegungsmöglichkeit der Fische folgt für die aquaristische Praxis der goldene Mittelweg: Als ein vielen Fischarten gerecht werdender Kompromiß gilt die Fütterung ausgewachsener Tiere ein bis zweimal am Tag und das bei 1-2 Fastentagen pro Woche in bepflanzten, komplett eingerichteten und mit Bodengrund versehenen Aquarien. Die Einschränkung auf diesen durchschnittlichen und "normalen" Aquarientyp erfolgt deshalb, weil sich hier außer bei übertrieben häufiger und gar nicht so gesunder, weil milieustörender, intensiver Bodenpflege, immer kleine Futterrestmengen oder Mikroorganismen finden werden. Sie werden an Fastentagen intensiv aufgespürt und sinnvoll verwertet, ohne daß man ständig mit dem Absaugschlauch hinterher sein muß. Bitte schalten Sie zwei Fastentage nicht regelmäßig hintereinander, aber ab und an ein Wochenende ohne Futter schadet nichts. Am Ende eines Fastentages noch vorhandenes Futter muß entfernt werden.

In karg bis gar nicht eingerichteten, bodengrundfreien Aquarien muß einerseits ohnehin mengenmäßig ganz vorsichtig gefüttert werden und andererseits finden Futterreste weder "Versteckmöglichkeiten" noch dürfen sie länger geduldet werden. Doch werden dies in der Regel Aufzuchtbecken sein, wo für Jungfische ein ganz anderes Fütterungsregime gilt, doch davon später mehr.
Hier nun noch einige Tips zur Fütterungsdauer. Die Beantwortung der Frage nämlich, wie lange füttere ich bei jeder Fütterung, enthält ja automatisch das Wissen um die korrekte Futtermenge. Vor allem Anfänger können daran beinahe verzweifeln, aber auch langjährige Pfleger nicht so empfindlicher Fischarten (denen man Fehlernährung nicht rasch anmerkt und die laufende Überfütterung überraschend lange ohne äußere Anzeichen wegstecken) machen hierzu noch Fehler.
Ein Blick in die Sachliteratur zeigt, daß auch hierzu die Empfehlungen erheblich schwanken:
Von "soviel, wie in einigen Sekunden/Augenblicken" bis zu "soviel, wie in wenigen Minuten" oder - noch hilfreicher - "in kurzer Zeit" gefressen wird, sei genau richtig! Kaum ein Autor wagt es, die Verabreichungsdauer zu konkretisieren. Mit KEPPLER bin ich der Ansicht, daß pro Fütterung soviel Material gegeben werden sollte, wie in 2-3 Minuten restlos gefressen wird. Dies betrifft alle Trockenfuttermittel und die Größe der Lebend- und Frostfutterportionen. Grünfutter darf für maximal 2 Tage "auf Abruf" im Aquarium bleiben, Reste sind danach zu entfernen. Besser wird man, wenn man sich an die richtigen Verzehrsmengen herangetastet hat, auch Grünzeug lieber öfter in kleineren Portionen frisch reichen.
Niemals kippe man aus einer Futterpackung das enthaltene Produkt direkt zu seinen Fischen, hier ist schon manches Ungeschick passiert und hat hektische Reinigungsaktionen ausgelöst. Ein Dosierlöffelchen oder - zurück zum eingangs genannten "Fingerspitzengefühl" - die Gabe "von Hand" bzw. aus dem Deckel der Dose erleichtern die Portionierung. Danach beobachte man seine Lieblinge beim Fressen, eventuelle abweichende Verhaltensweisen wie Freßunlust, geänderte Schwimm- und Nahrungsaufnahmebewegungen oder sonstige mögliche Störungen werden hierbei rasch erkannt.

Junge Fische, alte Fische - unterschiedliche Ansprüche

Nicht nur die Größe der einzelnen Nahrungsbrocken, also die Art des Lebendfutters, der Zermahlungsgrad von Trocken- bzw. die Feinheit von Frostfutter sind selbstverständlich bei jungen und alten Fischen unterschiedlich. Es muß immer passend zur jeweiligen Fischmaulgröße gefüttert werden und wie in der Nutzfischmast gilt auch bei uns, daß es stets besser ist, eher zu kleine als zu große Nahrungspartikel zur Verfügung zu stellen.
Aber auch die Ansprüche an Häufigkeit und Menge der Fütterung sind bei Jungfischen gänzlich anders, weshalb die Angaben im vorstehenden Kapitel ausdrücklich auf ausgewachsene Tiere beschränkt waren. Die Jungen von Lebendgebärenden können und wollen sofort nach der Geburt fressen, die Brut von eierlegenden Arten beginnt mit der aktiven Nahrungsaufnahme kurz bevor der sogenannte Dottersack aufgebraucht ist. Der Dottersack hat seinen Namen von eingelagerten Vorräten des Eidotters, Nährsubstanzen also, welche die Natur der Schlupfbrut mit auf den Weg gibt. Er zeigt sich als deutliche, meist wirklich beutelartige Hervorwölbung im Bauchbereich frischgeschlüpfter Brütlinge. Art- und temperaturabhängig schwankt der Zeitpunkt seiner Aufzehrung teils recht beträchtlich. Genaue Kenntnis der zu vermehrenden Art, Erfahrung und Beobachtungsgabe - bei kleinster Brut unter Zuhilfenahme einer Lupe - gehören zur Grundausstattung erfolgreicher Fischzüchter. Denn sobald der Dottersack vollends abgebaut und verwertet wurde, ist es allerhöchste Zeit für die erste Nahrungsgabe. Vielleicht auch schon zu spät, denn die meisten Fischarten schwimmen schon vorher frei und beginnen dabei das Fressen zu üben. Auch dies wird dem intensiven Betrachter nicht verborgen bleiben, und er sorgt rechtzeitig dafür, daß die Schnappbewegungen der Brütlinge nicht ins Leere gehen.

Welse bewähren sich immer wieder durch ihre genügsame Art als Saubermänner im Aquarium. Foto: bede

Ein alter Züchterspruch mit absoluter Berechtigung lautet: Die Brut muß im Futter stehen! Das will nichts anderes heißen, als daß die optimale Nahrungsmenge und -struktur die zerbrechlichen, kleinen Fischindividuen fast permanent in hoher Dichte zu umgeben hat. Genau aus diesem Grund wird die intensiver Ernährung bedürfende Brut auch selbst relativ dicht auf verhältnismäßig begrenztem Raum untergebracht, der mit der zunehmenden Größe wächst. Auch wenn dies die Hygienesituation verschlechtern kann, und deshalb äußerst konzentrierte Wasser- und Beckenpflege betrieben werden muß, gibt es dafür gleich zwei gute Gründe:
Einerseits ist die Schwimmfähigkeit von Fischbrut in den seltensten Fällen gleich von Anfang an gut ausgeprägt und damit die Verfolgung von Nahrungspartikeln auf langen Wegen erschwert oder unmöglich. Andererseits würde eine zu geringe Futterdichte derart hohen Such- und Aufnahmeverbrauch an Energie bedeuten, daß die Menge an mit der Nahrung schließlich doch aufgenommener Energie zum Ausgleich schon dieser Verbrennungsprozesse kaum und für reguläres Wachstum schon gar nicht ausreicht. Diese negative Bilanz hat nicht selten den Tod, stets aber unterernährte, schwache - eben mangelernährte - Jungfische zur Folge.
Alte Fische sollen wie bereits erwähnt ein bis zweimal täglich für die Freßdauer von je 2-3 Minuten bei 1-2 Fastentagen pro Woche ihre Mahlzeiten erhalten. Je regelmäßiger dies geschehen kann, umso besser ist es für eine optimale Verdauung wegen der gleichmäßigen Nahrungspassage durch den Magen-Darm-Kanal. Ausgewachsene Tiere verübeln zeitliche Abweichungen jedoch nicht so sehr wie noch im Wachstum befindliche Fische, die 5-6 mal täglich zu füttern sind.
Über die Art der im Einzelfall geeigneten Futterstoffe erfahren wir weiter hinten noch einiges Spezielles. Die gleich folgenden Kapitel gelten mehr allgemeinen Aspekten der Fütterungspraxis.

Abfallstoffe und Wasserbelastung

Wo gehobelt wird, fallen Späne. Dieses Sprichwort läßt sich zwanglos auf hiesige Belange übertragen, leider, möchte man sagen. Denn direkt oder indirekt aus Futter und Fütterung resultierende Abfälle nehmen auf die Wasserqualität einen stets beachtenswerten Einfluß. Fast immer ist er negativer Art, d.h. die Wasserparameter ändern sich in Richtung einer Wasserbelastung. Manche Werte ändern sich auch kurzfristig im Augenblick der Fütterung, um sich bald darauf wieder auf normales - vorher dagewesenes - Niveau einzupendeln. Dies erfolgt zum Teil recht drastisch, wie z.B. elektronische Kurzzeit-pH-Messungen während der Futtergaben mit schnell ansprechenden Elektroden zeigen können (UNTERGASSER, persönl. Mitteilung). Sie seien hier nicht detaillierter betrachtet, zumal sich negative Auswirkungen durch Futtermenge und -häufigkeit in angepaßter Form auf ein Minimum begrenzen lassen.

Mögliche Langzeiteffekte nachhaltiger und damit die Filterung sowie das Gesamtsystem "Aquarium" oder "Gartenteich" störende Belastungen des Wassers seien hier kurz angeschnitten. Es würde den Rahmen von "Zierfische richtig füttern" sprengen, gänge man hier auf die Zusammenhänge der Wasserchemie ein. Gute allgemein aquaristische Werke tun dies hinreichend unter den Stichworten "Filterung" und "Wasserpflege". Kontrollmessungen aller wichtigen Wasserparameter geben Aufschluß über die aktuelle Beschaffenheit des Lebensraums unserer Fische und sie sollten mit Hilfe der käuflichen Testsets zum regelmäßig verwendeten Handwerkszeug verantwortungsvoller Fischhalter gehören. Wasserbelastung durch Fütterung läßt sich dabei an folgenden Werten verfolgen und dokumentieren (Siehe auch KRAUSE: „Handbuch Aquarienwasser"):

Phosphor- und Stickstoffverbindungen im Wasser sind stets Anreicherungs-, Um- und Abbauprodukte des Nährstoffeintrages über die Ernährung. Selbst höchst verdauliche Futter können von keinem Organismus komplett verwertet werden, immer gibt es gewisse Kot- und Urinmengen als

Hautschäden und trübes Wasser: auch Fütterungsfehler
Foto: bede

körpereigene, nach außen (hier: ins Wasser) zu entsorgende Abfälle. Sie enthalten eine Menge verschiedener Verbindungen organischer oder bereits mineralisierter, anorganischer Art. Die meisten davon sind jedoch in belebten Wassersystemen kaum auffällig, weil entweder bestens durch Pflanzen, Bakterien und Kleinlebewesen abbau- und nutzbar oder fast nicht anreicher- und meßbar. Ganz anders die erwähnten Phosphor(P)- und Stickstoff(N)produkte, die sich beide im Wasser anreichern. Bei letzteren kommen, wie wir wissen, bei Fischen ja auch noch die Ausscheidungen über die Kiemen dazu. Dort landet ein beachtlicher Teil der Eiweißabbaustoffe via Blut in Form von Ammonium (NH_4), das bei höheren Temperaturen und jenseits des Neutralpunktes im alkalischen Bereich (mehr als pH 7) zum Teil als hochgiftiges Ammoniak (NH_3) vorliegt. Ein Zuviel an Abbauprodukten aus Futterprotein (stets N-haltig) bedingt eine NH_4/NH_3-Zunahme und belastet oder überfordert den weiteren, bakteriellen N-Um- und Abbau über Nitrit (NO_2) und Nitrat (NO_3).

Phosphor ist, selten mineralisch/elementar, sondern zumeist eingebunden in Phosphate, in nahezu allen Futterstoffen überreichlich vorhanden. Diese Überschüsse werden von den Fischen ebenfalls zuhauf über den Kot ins Wasser abgegeben. Da P zwar von Pflanzen und Mikroorganismen gespeichert wird, aber kaum bakterielle Abbauwege größeren Ausmaßes existieren, verbleiben Phosphate in (hier fischigen) Abwassersystemen. Sie sind es, die ganz wesentlich zur Überdüngung des Wassers beitragen, da der P-Bedarf der höheren Wasserpflanzen rasch gedeckt ist, die dauernde Fischversorgung mit ihren Exkretionsfolgen aber ständig neues Phosphat nachschiebt. Profitieren können davon in erster Linie viele Algenarten!

In der Nutzfischmast kennt man gewaltige Abwasserprobleme der Aquakulturbetriebe, die zum größten Teil aus Futterphosphatübermengen herrühren. Es fehlt nicht an Versuchen, dieses Manko durch Rezepturänderungen ausgleichen zu wollen. Auch enzymatische Zusätze zu Trockenfutter spielen dabei eine Rolle: Das Enzym Phytase kann pflanzlich gebundenen P, Phytinphosphor genannt, im Verdaungstrakt "knacken" helfen. Dies verbessert die Futterverwertung vor allem omni- und herbivorer Fischarten und findet vielleicht neben Optimierungen der Rezepturen auch einmal bei Zierfischfuttermitteln seine Verwendung.

Die in der Aquaristik gebotenen Teilwasserwechsel dienen in erster Linie ja gerade zur Entfernung der sonst zu konzentriert anfallenden P- und N-Verbindungen. Artgerechte und angepaßte Fütterung, also richtige Quali- und Quantität der Ernährung ermöglicht daher eine vorbeugende Wasserpflege in Verbindung mit optimaler Filterung. Wasserwechsel können in Mengen und/oder Häufigkeit etwas reduziert und Filterstandzeiten deutlich erhöht werden, wenn man dies konsequent beachtet.

Das nachfolgende Schema verdeutlicht nochmal die Ursachen für Wasserverschmutzung durch Futter und Fische:

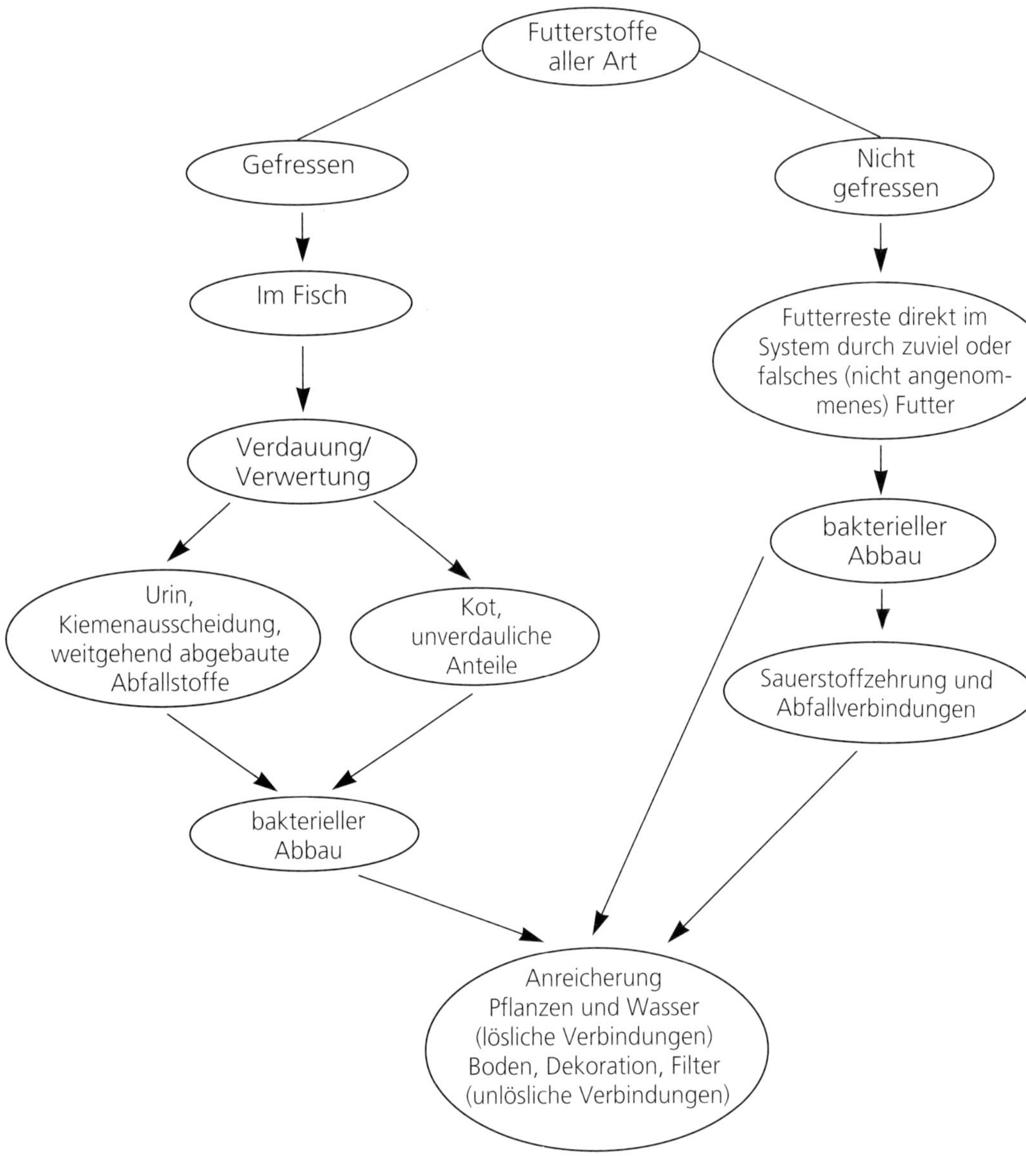

Der rechte Teil sei noch einmal etwas genauer untersucht, da sich die dort dargestellten Vorgänge durch korrekte Fütterungspraxis noch am ehesten vermeiden lassen. Neben den zuvor beschriebenen Anreicherungen, die eine gewisse Zeit brauchen, können nämlich Futterreste sehr rasch das Wasser verschlechtern. Bestimmte Bakteriengruppen, die sonst kaum nützliche Funktionen haben, erweisen sich im Falle massiver Überfütterung als sehr aktive, weil explosionsartig vermehrungsfähige Destruenten. Sie fressen unter starkem Sauerstoffverbrauch das zuviel gereichte oder von den Fischen nicht akzeptierte Futter und entziehen so den anderen Wasserbewohnern schnell die Atmungsgrundlage. In extremen Fällen haben Sie dann nicht nur an der Wasseroberfläche nach Luft schnappende Fische (Sauerstoffmangel), sondern auch einen durch Bakterientrübung milchig-undurchsichtig werdenden Aquarieninhalt.
Wenn man zum Beheben dieses Zustandes nach einem Teilwasserwechsel oder zur Bekämpfung von Algenblüten bewußt Wasserflöhe im Überschuß - also viel mehr, als gefressen werden können - einsetzt, muß man beachten, daß auch diese Filtrierer starke Sauerstoffzehrer sind und das Wasser nur bedingt verbessern. Viel effektiver ist es, sichtbare Futterreste erst gar nicht entstehen zu lassen.

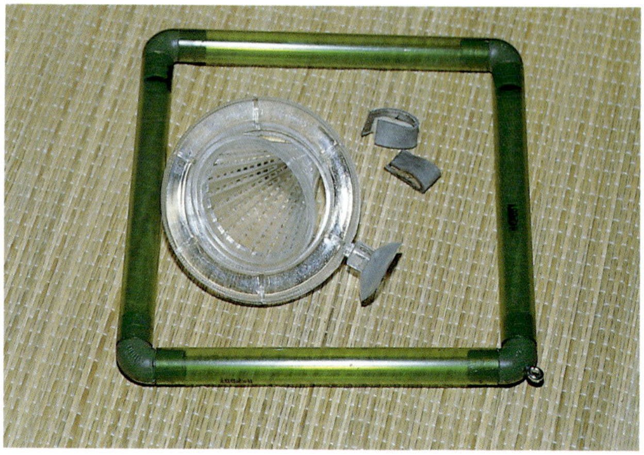

Zubehör zur Futterverabreichung

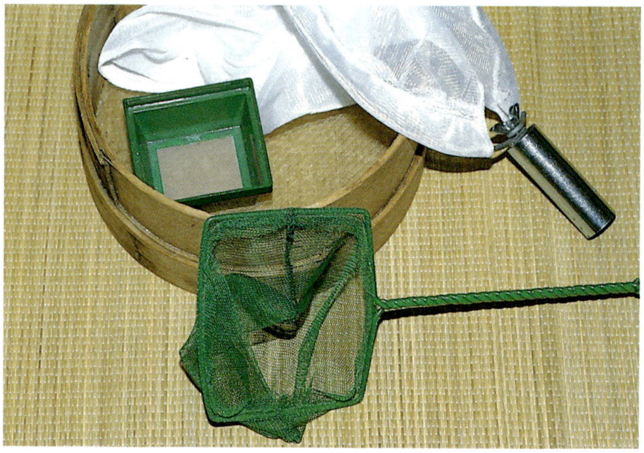

Zubehör für Lebendfutterbeschaffung

Die richtige Art der Verabreichung: Etwas " Fütterungstechnik"

In der angewandten Tierernährung und bei der Futtermittelkunde beschreibt die Fütterungstechnik die Art und Weise, wie gefüttert wird. Voraussetzung ist, daß die Futter(mittel)technik , also die technologische Be- und Verarbeitung der Produkte, dazu geeignete Ernährungsmaterialien bereitstellen konnte. Dies sei nach Kenntnis der einzelnen industriell gefertigten und selbst beschaffbaren Futtertypen hier einmal als gegeben unterstellt. Ferner vermittelt die Fütterungstechnik im Zusammenhang mit der richtigen Art der Verabreichung auch etwas zum Ort, also dem "wo" der Futtergabe.
Prinzipiell gibt es zwei Fütterungstechniken, nämlich von Hand (manuell) oder mittels echter Technik (automatisch). Die manuelle Zuteilung wiederum ist völlig frei oder über Hilfseinrichtungen möglich, dazu gleich mehr.
Bei den sogenannten Futterautomaten gibt es mehrere Typen unterschiedlicher Funktionsprinzipien. Sie werden hier nicht im Einzelnen vorgestellt, man möge sich dazu im Fachhandel oder über die entsprechenden Hersteller mit Informationen versorgen und technische Details klären. Doch einige allgemeine Anmerkungen dazu seien gestattet:
Alle Automaten verfügen über ein mehr oder weniger ausgeklügeltes System an Vorratsbehältern

oder Speicherkammern. Meines Wissens nach gibt es keines, das im feuchten Milieu oberhalb der Wasserlinie - etwa in oder auf der Abdeckung - langfristig so zuverlässig dicht und von Kondenswasser unbeeinflußt bleibt, daß auch Futterflocken von dort stets problemlos zu verabreichen wären. Regelmäßiges Austrocknen ist immer erforderlich, was im Sinne der Fütterungshygiene auch von Vorteil sein kann, wenn es mit einer Reinigung der Vorratsbox(en) kombiniert wird.

Wenn Futterautomaten ihren reichen, zuvor hoffentlich korrekt bemessenen Schlemmersegen auf einmal zu den Fischen befördern und dort eine Wasseroberflächenbewegung gegeben ist, verteilt sich das Futter rasch. Dies käme dann einer manuellen Zuteilung ohne jede Hilfseinrichtungen gleich (s.u.). Ist kein bewegtes Wasser vorhanden oder sind Tabletten im Vorrat des Automaten, wird eine geballte Ladung Futter an einer Behälterstelle eingebracht, worum sich die Insassen ggf. auf recht engem Raum streiten und schwächere Exemplare zurückgedrängt werden können.

Demnach sind kontinuierlich über einen programmierbaren Zeitraum dosierende Automaten wohl besser, bei bewegtem Wasser sicher die idealen Vertreter dieser Fütterungstechnik, oder? Mit einer Ausnahme kann dies bejaht werden, aber: Wenn die Zuteilungszeitspanne (etwa im Sinne der oben genannten Dauer pro Fütterung von 2-3 Minuten) recht kurz, dazu die bevorratete Futtermenge recht knapp bemessen ist und gleichzeitig territoriale, revierbildende Fischarten und/oder solche mit ausgeprägtem Rangordnungsverhalten in Gruppe oder Schwarm gepflegt werden, kann folgendes passieren: Der oder die Ranghöchste lauert zur Fressenszeit schon unterm Automaten, drängt ganz gemäß der natürlichen "Hackordnung" die anderen Fischkollegen ab und letztlich ist der Boß oder die Chefin der/die Einzige beim Schmausen! Sie sehen, auch die angewandte Verhaltensforschung beeinflußt die Fütterungstechnik.

Ansonsten sind Automaten bei längerer Abwesenheit natürlich schon eine große Hilfe. Wer wachsende Fische hält und dennoch für Tage weg muß, wird ohne technische oder menschliche Hilfe ohnehin nicht auskommen. Daß ausgewachsene und zuvor optimal verköstigte Fische zwar 1-3 Wochen ohne Fütterung problemlos auskommen würden, ist ja schon erwähnt worden. Vielen täte eine solche Fastenkur (siehe letztes Kapitel) vielleicht sogar gut, aber kaum ein Fischfreund möchte dieses vermeintliche Risiko eingehen. Genau deshalb gibt es ja Futterautomaten.

Nun aber zur freien Zuteilung von Hand:

Theoretisch wäre es geradezu ideal, wenn man die Filterung für die Dauer der Verabreichung abschalten würde. Da aber die potentiellen Gefahren durch Vergessen der Wiederinbetriebnahme nach der Fütterung gewiß größer sind als der mögliche Nutzen durch nicht verschwendete, direkt die Filtermasse belastende Futterpartikel, möchte ich diesen durchaus ernst gemeinten Tip nur sehr gewissenhaften Fischpflegern anheim geben. Füttert man gezielt, in richtiger Menge und mit etwas Zeit, läßt sich der Schaden auch bei weiterlaufendem Filter bestimmt gering halten. Fernab von der Filtereinlaßöffnung und nur konzentriert an einer Stelle sollte man die Gaben jedoch nicht verabreichen. Die beste manuelle Fütterungstechnik ist nämlich, zum Wohle aller, also auch der kleineren und schwächeren Insassen, die breitwürfige Streuung. Man gebe also das Futter verteilt über weite Bereiche der Oberfläche von Aquarium oder Teich. Nur so ist gewährleistet, daß alle Fische etwas abbekommen. Streit an einem Futterplatz wird vermieden und zudem kann Trockenfutter, gleich welcher Fabrikationsart, in dünner Schicht gleich Wasser aufnehmen. Dadurch quillt es etwas auf, erhält eine maulgängige Konsistenz und erhält nicht erst im Magen/Darm die zur Verdauung nötige Flüssigkeit. Sie erinnern sich, Süßwasserfische trinken schließlich nicht! Und bei Brut und Jungfischen denken Sie in diesem Zusammenhang bitte an das "gleichmäßig im Futter stehen". Die Verteilung von Futter auf der Wasseroberfläche hat also praktisch nur Vorteile, weshalb Sie Futterringe oder ähnliche Konstruktionen als Hilfsgeräte manueller Zuteilung getrost vergessen können. Dosiereinrichtungen

und Meßlöffelchen haben jedoch vor allem für diejenigen eine Berechtigung, die entweder noch nicht das richtige Gefühl für die Futtermenge entwickelt haben, oder sich scheuen, Futterpartikel zwischen die Finger zu nehmen.
Ein schwimmender Futtertrichter mit durchlöcherter Wand in umgedrehter Glocken- oder Spitzkegelform indes ist zur Verfütterung von lebenden Tubifex oder Enchytraeen ein sinnvolles "Gerät" und damit eine Ausnahme von der oben genannten Streuregel. Es sei denn, man füttert auch diese kleinen Ringelwürmer nur sehr sparsam und äußerst gezielt. Denn es besteht immer die Gefahr, daß sich nicht gefressene Exemplare im Boden verkrümeln und dort für Fäulnis und Verderb sorgen, da sie doch bald absterben. In ganz besonderem Maße gilt dies für Seewasserbecken.
Ein Futterrohr aus Glas oder Kunststoff mit einem aufgesetzten Schlauch oder - als Futterpipette ausgebildet - mit einem Gummibällchen versehen ermöglicht die individuelle Zuteilung von Lebendfutter oder Konzentraten aus nächster Nähe. Vor allem für scheue Höhlenbewohner oder niedere Tiere der Meeresaquaristik sind dies interessante Fütterungstechniken. Kräftige Happen gibt man, wieder einzeln und gezielt, mit einer langen Futterpinzette. Damit können für faunivore Räuber auch Bewegungen unbelebter Futterbrocken (mageres Fleisch, Herz, Muschelstücke etc.) oder toter Beutefische u.ä. imitiert werden.
Als ernährungsvorbereitende Maßnahme und damit indirekt zur eigentlichen Fütterungstechnik gehörend haben die verschiedenen Siebsätze zu gelten. Züchter und Fischpfleger, die größengenau passendes Lebendfutter verabreichen wollen, brauchen diese Siebe mit unterschiedlichen Maschenweiten zum Sortieren von Plankton oder Aufguß-Zuchtansätzen von Infusorien.
In etwas geänderter und erweiterter Form nach STERBA seien daher in einer Tabelle die Durchlässigkeitswerte für bestimmte Netzgewebe zum Fraktionieren, aber auch zum Fang von Nährtieren genannt.

Tierart	erforderliche Maschenweite in mm
Infusorien (Aufgußorganismen wie Wimperntierchen,Amöben etc.)	0,12
Rotatorien (Rädertierchen), Nauplien (Larven von Kleinkrebsen)	0,18-0,20
Kleinere Bosmina-Arten	0,20-0,30
Cyclops und Daphnien, klein	0,30-0,40
Kleinkrebssortierungen	0,40-0,50
weitere Größenklassen	0,50-0,60 und mehr
Mückenlarven	0,60-0,80

Ideal, aber fast nur im Laborbedarf und teuer erhältlich sind aufeinander stapelbare Ringe mit den entsprechenden Siebgeweben aus Metall oder Kunststoff. Das selbst Basteln mit definierten Siebdruckereigeweben ist nicht ganz einfach, zumal der entsprechende Bedarfshandel meist auch nur Meterware liefert. Vielleicht lohnt es auch, den spezialisierten Zoofachhandel darauf anzusprechen.
Insgesamt gilt für jede Fütterungstechnik und damit auch für die Befüllung und Einstellung von Futterautomaten eine aus der Nutztierwirtschaft abgewandelte Bauernweisheit:
"Das Auge des Herrn mästet/nährt optimal das Vieh/den Fisch".
Selbstverständlich sind - wenn im Original auch seinerzeit nicht vorgesehen - die Beobachtungsgabe und das Einfühlungsvermögen der Aquarianerinnen und der weiblichen Gartenteichbetreuer gleichwohl angesprochen, von wegen "Auge des Herrn"!

Qualität auf Vorrat?

Das Angebot klingt günstig und nur allzu verlockend liegen oder stehen Großgebinde an diversen Futtern in Auslagen oder sind in entsprechendem Werbematerial abgebildet. Soll ich oder soll ich nicht? Nun, Bevorratung macht nur dann Sinn, wenn sie richtig erfolgt und selbst da nur in Grenzen, die die Naturmaterialien vorgeben.

Vorbildliche Qualitätssicherung - und genau darum geht es hier - kann nur durch sachgerechtes Aufbewahren erreicht werden. Für alle getrockneten Darreichungsformen an Futter gelten hier drei Schlagworte:

Kühl, trocken und dunkel. Zumindest einmal angebrochene Verpackungen bedürfen dieses Dreifachschutzes in Summe, wobei "kühl" nicht unbedingt ein Kühlschrank sein muß, der meist der Forderung "trocken" entgegensteht. Wenn nur pralle Hitze vermieden und auch uns angenehme Zimmertemperatur gewährleistet ist, wäre damit schon viel Qualitätserhalt erreicht.

Achten Sie darauf, daß geöffnete Trockenrationen nach dem Einsatz gleich wieder fest verschlossen werden und abgedeckt unterzubringen sind, da auch übermäßiger Luftzutritt minimal gehalten werden soll. Auch Futter, zumal hochwertiges mit allen essentiellen Fettsäuren, unterliegt dem Angriff durch Oxidationsprozesse.

Eine aufgedruckte Haltbarkeitsdauer ist leider bei Einzelfuttermitteln nicht vorgesehen. (Stand: August 1994), aber bei Mischfuttern aller Art ist die Angabe der Mindesthaltbarkeit (Monat/Jahr) zwingend vorgesehen. Achten Sie unbedingt darauf, bei original verschlossenen Verkaufseinheiten können Sie sich auch darauf verlassen oder Sie haben bei entdeckten und sofort gemeldeten Mängeln Anspruch auf Ersatz. Einmal geöffnet, als einwandfrei akzeptiert und weiter verwendet, gilt dieses Datum jedoch nicht mehr. Lagerung und Verbrauch innerhalb vernünftiger Zeiträume obliegen allein Ihnen. Was ist nun vernünftig?

Der VDA (Verband Deutscher Vereine für Aquarien- und Terrarienkunde e.V.) spricht in seinen Vordrucken zum Sachkundenachweis von maximalen Futterkaufmengen dergestalt, daß sie innerhalb 3-4 Monaten verbraucht sind. Andere Autoren empfehlen eher, sich nur für höchstens 2-3 Monate Fütterungsdauer nach Anbruch mit Fischverpflegung einzudecken. Mittelwertsbildend möchte ich für Trockenfutter etwa 3 Monate privater Höchstlagerdauer vorschlagen, wobei optimale Bevorratungsbedingung (s.o.) das Pendel eher zur VDA-Richtlinie ausschlagen lassen, bei schlechten Verhältnissen können 2 Monate schon zuviel sein.

Letztlich soll nicht unerwähnt bleiben, daß alle intensiv riechenden Futtermittel auf tierische Vorratsschädlinge eine geradezu magische Anziehungskraft ausüben. Im Zuge unbehandelter Bio- und Naturkostprodukte beginnen immer mehr Nahrungs- und Futtermotten, Milben, Getreide- und Kornkäfer & Co. einen derzeit zunehmenden und weltumspannenden Siegeszug. Selbst in modernsten und saubersten Vorzeigehaushalten kann man diese unappetitlichen "Mitesser" bisweilen antreffen. Sie krabbeln aus Müsli, bewohnen Reis, Getreide und andere Saaten oder Dauerbackwaren. Meist gelangen sie dorthin über die Eiablage ihrer Eltern und diese winzigen Eier sind im Zuge der Qualitätskontrollen beim Hersteller/Verpacker praktisch nicht zu diagnostizieren. Einwandfrei hat die Partie den Produzenten verlassen, aber dann! Feuchtigkeit und Wärme fördern die Entwicklung, die Larven/Maden/Raupen schlüpfen und "beleben" Futter- und Lebensmittel. Derart davonkrabbelnde Trockenfutter für Fische (oder andere Heimtiere) lassen sich durch Tiefgefrieren retten und danach - selbstverständlich wieder aufgetaut - einer alsbaldigen Verwendung zuführen. Manche Aquarienbewohner begeistert diese ungewollte Bereicherung ihres Speiseplanes, aber unangenehm ist Schädlingsbefall halt doch.

Lebendfutter sollte so frisch wir irgend möglich sein, da jede Hälterung die Qualität mindert. Ein paar Tage im Kühlschrank schaden jedoch nicht, nur wärmeliebende Arten - etwa Grillen, Heimchen, Heuschrecken, Wachsmotten und Drosophila-Fliegen - vertragen dies keinesfalls.

Frostfutter ist, wenn die Tiefkühlkette nicht unter-

brochen wurde (Heimtransport!), ein gut lagerfähiges Futter. Stark fetthaltige Sorten (siehe Anhangstabellen) sollten maximal 6 Monte, die anderen können bis zu einem Jahr bei mindestens -18° C aufbewahrt werden. Gefrostete Mischfuttermittel müssen ein Mindeshaltbarkeitsdatum tragen, für einzelne Nährtiere oder Teilstücke gilt dies auch hier nicht.
Bei gekauftem Lebendfutter läßt sich das Alter nur anhand der Anzahl sichtbar toter Exemplare einschätzen. Bei zuviel gestorbenen Nährtieren in der Verkaufspackung oder Hälteranlage ist Vorsicht geboten. Weisen Sie derartige Angebote sicherheitshalber zurück.
Zur Frage Qualität auf Vorrat läßt sich zusammenfassend sagen, daß jedes Futtermittel altert und dabei an Nähr- und Wirkstoffen verliert. Allein die Dauer dieser Prozesse läßt sich hinausschieben, aber generell gilt für Fischfutter:
Je frischer, je besser.

Ernährungsbesonderheiten und spezielle Bedürfnisse

Dies ist kein Fischartenbeschreibungsbuch, aber eine Anhangstabelle nennt zumindest für einige ausgewählte Spezies den Futtertyp oder - unter Nennung der bevorzugten Richtung - eventuelle Misch- und Übergangsformen der Haupternährungsweisen. Dies geht auf Natur-, Aquarien- und Teichbeobachtungen sowie auf Magen- und Darminhaltsuntersuchungen durch diverse Experten zurück und sollte bei der Futterzusammenstellung beherzigt werden. Details und weitere Hinweise zu "seiner" Art oder Fischgruppe entnehme man der Spezialliteratur. Systematische, alters- und lebensraumbedingte Gemeinsamkeiten der Fütterungspraxis verschiedener Fische seien in allgemeiner Form hier aber gruppenspezifisch dargestellt:
Fischbrut, die Larven gerade geschlüpfter eierlegender (also der meisten) Arten, kann nur sehr feines Futter aufnehmen. Also muß erstens die Partikelgröße stimmen und zweitens werden nur bestimmte hochwertige Qualitäten dann auch verwertet, sprich: in Körpermasse und Wachstum umgesetzt. Einseitige Zusammensetzung wie bei Blut, Hefesuspension, gekocht-zerdrückten Eigelbaufschwemmungen oder feinstem Fleisch- oder Innereiengeschabsel gegeben, werden fast nie lange und gut vertragen. Eine Sorte davon ausschließlich ohnehin nicht. Diese Notbehelfe aus früheren Zeiten können auch heute noch als Abwechslung und Ergänzung mit eingesetzt werden. Vorsicht ist jedoch wegen der Gefahr der Wasserbelastung hinsichtlich der verabreichten Menge gegeben. Klassisches Staubfutter (Nauplien, kleinste Bosmiden und Cyclops) oder die Grundkost Artemianauplien sind Großlarven- oder Jungfischnahrung. Kleinste Brütlinge von Salmlern, Labyrinthfischen und Bärblingen brauchen noch feinere, aber komplett zusammengesetzte Kost, etwa in maximaler Größe ihres Augendurchmessers! Hier wird man sich der sogenannten Infusorien, Aufgußtierchen, bedienen.
Diese Zuchten erfolgen in sauberen Wasser-Erde oder Wasser-Stroh-Abkochungen, die nach Abkühlung gezielt zu beimpfen sind. Heu, Inhalt aus einem eingefahrenen Filter, Bananenschale, Kohlrübenstückchen, feinst gesiebter Teichschlamm u.v.m. kommen dafür in Frage. Auch Ansätze aus eingetrocknet granulierten Fertigprodukten des Zoofachhandels oder Flüssigkulturen/Flüssigfutter industrieller Herstellung können verwendet werden. Einige Fischarten sollen bestimmte Ciliaten (Wimperntierchen) wegen ihrer Nesselwimpern nicht vertragen, besonders das Pantoffeltierchen als wichtiger und leicht zu züchtender Infusor ist hier in Verdacht geraten. Da es jedoch etliche Arten gibt, sind hier genauere Versuche angezeigt, doch wer verfügt schon über artreine Monokulturen?
Neben *Paramecium* (Pantoffeltierchen) sind u. a. Trompetentierchen (*Stentor*), Glockentierchen (*Vorticella*) und die auf ihren Wimpern schreitenden Vertreter der Gattung *Stylonchia* als wichtige Nährciliaten unserer Fischbrut zu nennen.
Bei Kleinstlarven empfindlicher Fische besteht der Übergang, immer unter Mitverwendung o.g. "Notmittel", zu lebendem Staubfutter aus Cyclops- und

Diverse Fertigfutterpräparate

Diaptomus-Nauplien oder auch feinstem Trockenfutterstaub aus Rädertierchen (*Rotatoria*). Manche Autoren zählen sie zum "Staubfutter" dazu, ein weiterer Beleg dafür, wie kritisch umgangssprachliche Bezeichnungen zu sehen sind. Wo irgendmöglich, sollte man sich exakter Definitionen der Futterzusammensetzung bedienen, um Mißverständnissen vorzubeugen. Auch Rädertierchen lassen sich züchten, wobei die für die Aufzucht in der Meeresaquaristik wichtigen Seewasserarten im Vordergrund stehen (FRIEDERICH/VOLLAND), es sind Vertreter der Gattungen *Euplotes* und *Brachionus*. Sie werden mit Algen oder Backhefe gefüttert. Rotatorien des Süßwasserplanktons werden eher aus Plankton-Mischkulturen oder aus in Teichen gewonnenem Material herausgesiebt.

Artemia und andere Kleinstkrebslarven, das Essigälchen "Mikro" (s. Anhang), fein zermahlenes Trockenfutter, gehackte Enchytraeen oder durch engmaschigste Metallsiebe gestrichenes Frostfutter sind Nahrung für Jungfische. Diese unterscheiden sich von Fischlarven durch die Ausprägung von Schuppen (selbstverständlich nur bei natürlicherweise geschuppten Arten), Pigmenten und durch die allmähliche Annahme der für den späteren ausgewachsenen Fisch charakteristischen Körperform.

Auch sie müssen als oberstes Gebot der Aufzucht möglichst maulgerecht ernährt werden. Nur bei Fischarten mit "weidender" oder raspelnder Ernährungsweise können auch schon die Jungfische (nicht die Larven!) sich kleine Teilchen von größeren Futterbrocken ablösen. Stets prall gefüllte Bäuche bei messungskontrolliert möglichst geringer Wasserbelastung sind Zeichen für die richtige Futtermenge. Das Jungfischstadium endet, wenn alle Flossen arttypisch voll ausgebildet sind und die Differenzierung der Geschlechter beginnt.

Bis dahin haben die wachsenden Jungtiere einen höheren Proteinbedarf und vertragen auch etwas mehr Fett als artgleiche ausgewachsene Fische.

Aber auch denen muß bei der praktischen Fütterung wortwörtlich auf`s Maul geschaut werden, um sie von der Partikelgröße nicht zu überfordern. Das gilt für alle Futtersorten, die sich schwer zerkleinern lassen oder die im Wasser nicht rasch erweichen oder zerfallen. Etwas "das Futter sich erarbeiten müssen" schadet sicher nicht, doch darf die Grenze zur Ungenießbarkeit im Sinne von die Nahrung überhaupt nicht aufnehmen können keineswegs überschritten werden. Beispiel: Tabletten, Großflocken und andere Grobpartikel können auch für Kleinfische gut sein, wenn keine langfristigen Futterreste verbleiben. Zu großes Lebendfutter oder meist recht zähe und daher nur am Stück zu verschlingende Frostnährtiere sind nicht das Wahre.

Darüberhinaus richte man sich bezüglich der Bedarfsnormen erwachsener Fische nach dem

Ernährungstyp und den vorn genannten groben Anhaltswerten. Man sollte omnivoren Arten hin und wieder neben fertigflockiger Pflanzenkost auch frisches (oder selbst gefrostetes) Grünfutter anbieten, dem nachher noch ein eigener Abschnitt eingeräumt wird. Für Herbivore ist es geradezu unentbehrlich, wenn sie langfristig gesund bleiben sollen.
Streng faunivore Fische, Beutetierfresser also, sollten in erster Linie lebende Futtertiere passender Größe bekommen, strikte Raubfische nur Futterfisch, Würmer und Großinsekten. Frostfutter und Fleisch-/Innereienstücke seien nur zeitweiser Ersatz, oft müssen sie künstlich bewegt werden.
Eine Tabelle im Anhang nennt beispielhafte Fische der Süßwasserquaristik mit Ernährungstyp, was die artgerechte Verpflegung erleichtert. Auch mancher Hersteller (siehe Literaturverzeichnis) hält Süßwasserspeisepläne bereit, verständlicherweise auf seine Produktpalette abgestimmt und teils recht fundiert. Für hier wie dort nicht erwähnte Gruppen nachfolgend noch einige allgemeine Fütterungstips:

Praktische Fütterung in Gartenteichen

Gartenteichinsassen sind Süßwasserbewohner, aufgrund der Wasser- und Sauerstoffverhältnisse geeignete Arten sind überwiegend recht unempfindliche, anpassungsfähige Spezies des omnivoren Typs. Alles dazu Gesagte gilt natürlich auch für Teichfische. Fatal und Ursache vieler Teichprobleme (Überdüngung durch Nährstoffanreicherung, Algenexplosion) ist jedoch der unumstößliche Fakt, daß man nicht alles sieht, was nicht gefressen wurde. Kot-, Schlamm- und Futterrestansammlung am Teichgrund bilden sich oft in selbst für robuste Teichfischarten unzuträglichen Mengen. Ein Fütterungsplan unter Einteilung der familiären Zuständigkeiten für die Nahrungszuteilung ist die Grundlage zur Vermeidung des im Gartenteich besonders häufig angetroffenen Übels "Überfütterung". So banal dies klingen mag, aber Sie glauben gar nicht, wie oft angesichts der ach so lieb an der Oberfläche "bettelnden Fischlein, die müssen doch Hunger

Gartenteich-Schwimmfutter (extrudierte Sticks)

haben" gegen diesen Grundsatz verstoßen wird. Das alltägliche Fütterungsdrama folgt dabei einem weit verbreiteten Standardmuster mit Variationen: Vor Schulbeginn füttert der Junior die hübschen Goldfische, Orfen oder Kois; Mami bringt die Kleine bald darauf in den Kindergarten und schon folgt die nächste Handvoll Fertigfuttermix. Sitzt die Familie um den Mittagstisch - ganz schlimm im Sommer draußen in Teichnähe - dürfen die Fischlein ja nicht leer ausgehen! Nachmittagsbesuch, ganz nach Wahl aus dem Verwandten-, Freundes- oder Bekanntenkreis eines Familienmitglieds, wird durch die Demonstration einer erfolgreichen und reichlich erfolgten Fischfütterung gekrönt. Vater, - sicher habt ihr den armen Tieren da draußen heute wieder nicht genug zum Fressen gegeben - komplettiert die Nahrungskatastrophe am Abend. Leider bestätigt ihn das - wenn auch nur noch reflexhafte - anscheinend gierige Zuschnappen der Geschuppten. Prallen Bauches sinken sie unter überreichlicher Fetteinlagerung in die wohlverdiente Nachtruhe.
Leider "wissen" Fische, zumal solche der schon etwas überzüchteten Art nicht, wann sie genug haben. Die zeitlichen und quantitativen Restriktionen im Abschnitt "Wie oft- wie lang" gelten auch hier, mindestens! Denn ein kleiner, stark besetzter Teich ist einem Aquariensystem vergleichbar. Ein großer Gartenteich aber, der auch noch wenige

Dieser Goldfisch hats in sich: Überfütterung oder Veranlagung? Foto: bede

"Schmerzen, Leiden und Schäden" (Zitat: Tierschutzgesetz) durch Überfütterung zweifelsohne vorgebeugt werden.
Im übrigen sollte auch in Gartenteichen durchaus etwas mehr Futtervielfalt herrschen, wenn nicht oder kaum Naturnahrung aufkommen kann: Warum nicht ab und zu einmal auch gefrostete Köstlichkeiten oder Lebendfutter?

Praktische Fütterung in der Meeresaquaristik

Auch hierzu sind bereits einige Trockenerzeugnisse auf dem Markt und viele Seewasserfische, die sich zur privaten Haltung überhaupt eignen, gehen gern an

Fische beherbergt, ist eher ein echter Biotop: Darin siedeln sich Fischnährtiere an und sogenannte Anflugnahrung (Insekten) gelangt auf die Oberfläche. Nährstoffquellen also, die der Fisch sich erschließen kann und soll (u.a. natürliche Stechmückenbekämpfung), die aber an der Beifütterung durch Fertigprodukte einzusparen ist.
Die meisten Teichfische sind Karpfenartige im weiteren Sinn und von Natur aus eigentlich an die Futteraufnahme vom Gewässerboden durch das sogenannte "Gründeln" angepaßt. Es mag einigermaßen unbiologisch erscheinen, wenn wir sie durch die schwimmfähigen Trockenfuttersorten (Extrudate) unter den Teichfuttern zum Nahrungserwerb an die Oberfläche "zwingen", besser: umgewöhnen. Aber ausnahmsweise rechtfertigt hier das schlagkräftige Argument der dann viel besser oder überhaupt erst möglichen Futtermengenkontrolle dieses nicht ganz artgerechte Vorgehen ohne Weiteres. Wenn sinnvolle Zuteilung mittels Schwimmfutter praktiziert wird, kann den langfristigen

Großflocken, Granulate oder Extrudate. Krill, Meeresplankton, Mysis und Artemia erhält man gefrostet. Lebendfutter sollte in der Meeresaquaristik jedoch absolut im Vordergrund stehen. Artemien kann man lebend kaufen oder heranziehen, auch manche Garnelenart ist bisweilen frisch und zappelnd erhältlich. Meist wird man aber ausgesprochene Meeresfuttertiere zu selten erhalten, um immer darauf zurückgreifen zu können. Große Fische nehmen auch am besten individuell zu reichende Regenwürmer. Auch bei allen anderen Nährtieren des Süßwassers, die ein guter Lebendfutterersatz für viele Seewasserfischarten sein können, ist genaue Zuteilung schadensvermeidend.
Wichtig ist dazu die Kenntnis der Überlebensdauer der einzelnen Futterorganismen in der salzigen Brühe:
Tubifex sterben besonders rasch, innerhalb weniger Minuten. Enchytraeen und Cyclops überleben 2-3 Stunden, Daphnien sind meist bereits nach 10 Minuten tot und werden dann nicht mehr genom-

Fütterung von Fischen und Niederen Tieren, im Seewasseraquarium, mit Flüssigfutter. Bereits nach etwa 20 Minuten ist das Meiste gefressen und somit auch die momentane Trübung des Wassers komplett verschwunden. Foto: bede

men. Mückenlarven können bis zu 24 Stunden im Meerwasser am Leben und damit attraktiv für seine Bewohner bleiben. Bei allen genannten Lebendfuttersorten verkürzt ein Temperaturschock die angegebenen Überlebenszeiten oder führt gar zum sofortigen Tod.

Aber auch Reste von abgesunkenem Tiefkühlfutter müssen in der Meeresaquaristik schnell, nämlich schon nach wenigen Stunden, entfernt werden.

Muscheln, Krabben-, Garnelen-, Tintenfisch- und Fischfleisch (Filet) sind weitere Ernährungsmöglichkeiten, die durch Fischeier (Rogen), Wegameisenpuppen (andere Arten sind geschützt), mageres Rinder- und Pferdefleisch oder -herz sowie Mehlwürmer ergänzt werden können. Manche Süßwasserschnecke findet im Seewasserbecken kulinarische Liebhaber und auch etliches aus dem folgenden Grünkost-Kapitel kann probiert werden, dazu marine Braun- und Rotalgen.

Das Versuchen lassen und Ausprobieren ist bei Meerespfleglingen auch deshalb sehr wichtig, da es unter Korallenfischen einen besonders ausgeprägten Hang zu individuellen "Geschmäckern" zu geben scheint.

Fischfresser des Meeres erhalten nur etwa zweimal wöchentlich eine Ration, alle übrigen Arten sind weitgehend abwechslungsreich (also so wie andere Fischgruppen auch), jedoch möglichst 3-5 mal täglich in kleinen Portionen zu füttern.

Grünfutter

Grün ist es nicht immer unbedingt, der Name soll lediglich den rein pflanzlichen Ursprung charakterisieren. Vegetarische Kost ist für omnivore Fische ein willkommenes Zubrot, für Herbivore ein absolutes Muß und mancher nicht so strenge Faunivore oder Übergangstyp nimmt davon auch bisweilen gern ein Maul voll. Also auch hier wieder Tabellen und Fachliteratur lesen, doch Probieren geht über Studieren.

Einiges Grundsätzliches vorab: Grünkost darf als einziges Futtermittel vorübergehend, nämlich bis zum Alter von maximal zwei Tagen, auch als Rest im Wasser bleiben, Hölzer (s.u.) auch länger. Erfolgt jedoch ausnahmsweise ein schnell sichtbarer Zerfall, ohne daß Zierfische ein Gourmetinteresse zeigen, droht Fäulnis- und Zersetzungsgefahr. Das Futterexperiment sollte vorzeitig abgebrochen werden. Unbekannte Vegetabilien, die hier nicht genannt sind, aber von Menschen überlicherweise verzehrt und vertragen werden, können in vorsichtige Probeläufe der Verabreichung integriert werden. Eventuelle Erfolge schriftlich zusammengefaßt, bereichern die aquaristischen Fachzeitschriften und man stelle positive Grünfutter-Tests dort ruhig zur Diskussion und sei es nur als Kurzmitteilung. Verabscheuen die Fischfeinschmecker das Dargebotene, wiederhole man den Versuch nach dem Fastentag oder versuche gleiches, aber zerkleinertes Material erneut. Achtung, nun ist etwas raschere Zersetzung vorprogrammiert!

Grünfutter ist angesagt: Leckeres aus Küche und Garten

Dumm ist, daß das meiste Grünfutter schwimmt, wovon dann die Bodenbewohner nichts haben. Doch ausgerechnet unter ihnen gibt es ja viele Vegetarier! Etwas Einfallsreichtum ist auch hier angesagt und schon lassen sich blättrige und andere Pflanzenstücke fixiert unter Wasser halten. Solange die Aquarien- oder Teich-Grünzeugraufe noch nicht erfunden ist, behelfe man sich mit Edelstahlnägeln oder -schrauben, flachen Steinen umspannt mit Haushaltsgummiringen oder Dekorationsgegenständen, unter bzw. zwischen die auftriebsstarkes Gemüse geklemmt werden kann.

Die im Wasserpflanzenhandel verbreiteten Blei- oder Metallbänder sind in Fischbehältnissen langfristig wohl eher bedenklich.

Feingewiegtes, maulgerechtes Material wird von vielen Frei- und Oberwasserfischen jedoch auch direkt vom Wasserspiegel verzehrt und selbst eini-

ge Panzerwelse beherrschen dieses Nahrungsaufnahmeverhalten des "Schlürfens" an der Wasseroberfläche, maullagebedingt verdrehen sie sich dazu recht schräg, ja fast auf den Rücken.
Jegliches Grünzeug ist vor der Verwendung gut zu waschen, eventuelle Spezialbehandlungen finden sich gleich bei den Einzelmaterialien.
Wenn Blätter gleich welcher Art zu hart sind und deshalb nach 2 Tagen im Rohzustand unter Wasser nicht "benagt" wurden, kann man frische Blätter der entsprechenden Art oder Sorte blanchieren, d.h. mit sehr heißem oder gar kochendem Wasser überbrühen oder darin kurz einweichen. An geeignete Temperaturen und optimale Einwirkungsdauer muß man sich jeweils herantasten, die oft auch individuellen Unterschiede in Blattdicken und -härten sind für die Angabe praxisgeeigneter Standardwerte einfach zu groß.
Ziel ist ein Aufweichen der doch relativ zähen und stabilen pflanzlichen Zellwandstrukturen, denn manche Salatsorte ist einfach fester - wir sagen: knackiger - als weichblättrig-lappiger Pflück- oder Kopfsalat. Um zartes, fischmaulgerechtes Futter zu erhalten, bietet sich noch eine weitere Methode an, deren Erprobung sich bei Wildkräutern und Blattgemüse lohnt: Das Gewünschte wird tiefgefroren und zwar mindestens solange, bis es völlig durchgefrostet ist. Ein Auftauen danach, eventuell vorsichtig in der Mikrowelle, ergibt eine oft deutlich weichere Konsistenz. Feine Salate sind dazu kaum geeignet, sie werden dadurch fast breiig. Der Versuch lohnt aber bei allen Blättern, die sich griffstabil anfühlen.
"Jägern" und Sammlern, die sich am Feld-, Wald- oder Wiesenrand - beim Spaziergang an die für ihre Fische abwechslungsreich zu deckende Tafel denkend - grünkostpflückend bedienen, seien sowohl die eventuelle Schadstoff-Rückstandsproblematik (Standort!) als auch mögliche Natur- und Artenschutzbestimmungen ans Herz gelegt. Straßenränder und intensiv bewirtschaftete landwirtschaftliche Kulturen sind bestimmt kein guter Sammelplatz für Fischgrünkost.
Beginnen wir mit Natürlichem:
Weichblättrige Wasserpflanzen aus Gattungen wie *Elodea* (Wasserpest), *Hygrophila* (Wasserfreund) oder *Riccia* (Sternlebermoos) werden fischseits gern abgeweidet.
Auch Algen werden - aus der direkten Umgebung der Zierfische stammend - gern zerpflückt, abgeraspelt oder als kleinste Happen verspeist.
Grünalgen (*Chlorophyta*) stehen dabei im Vordergrund und zwar meist festsitzend auf Steinen, Holz oder anderen Einrichtungsgegenständen sowie an den Scheiben wachsende Arten. Eine Schüssel voll Wasser mit Steinen darin im Freien an sonnigem Standort aufgestellt, erbringt oft brauchbare algenbewachsene Feststoffweiden für diverse Fischarten.
Von Freilanduntersuchungen des Magen-Darm-Kanals vieler Salmler weiß man, daß mancher u.a. auch Stücke von Rot-, Zier- und Kieselalgen als Zukost akzeptiert, BERGLEITER berichtete dazu ausführlich in DATZ 12/1993.
Die Nennung möglicherweise interessanter vegetarischer Futtermittel wird mit klassischen Produkten aus Küche und Keller von Aquarianern fortgesetzt, die traditionell an Fische verfüttert wurden und werden:
Hier sind Haferflocken in allen bekannten Variationen von der Baby-Schmelzflocke bis zum groben Vollkornmüsli-Bestandteil zu nennen. Dicke Qualitäten wird man sinnvollerweise vor der Zuteilung etwas einweichen, damit sie komplett voll Wasser gesogen sind. Blattsalate sind prinzipiell (ggf. nach o.g. feucht-heißer Vorbereitung) in allen Arten, Sorten und Varietäten als Fischfutter geeignet. Warum immer nur der - zugegebenermaßen einfach direkt verwendbare - feinblättrige, junge Kopfsalat genannt wird, entzieht sich meiner Kenntnis.
Auch Hefe, als früher "Nährhefe" genanntes Erzeugnis pulverisiert oder flockig verarbeitet aus dem Reformhaus oder auch frisch-feucht als Bäckereihefe verwendbar, ist ein beliebtes pilzliches Einzelfuttermittel.
Auch Wildkräuter wie Löwenzahn und Vogelmiere dürften schon länger im Einsatz sein, ebenso Gurken-, neuerdings auch Zucchinischeiben.
Kommen wir noch kurz zu relativen Neuheiten, über

die in den letzten Jahren in aquaristischen Zeitschriften als mögliches Pflanzenfutter von vielen Autoren berichtet wurde:
Am exotischsten erschien mir der Einsatz einer Prise Gewürzpulver, nämlich Rosenpaprika (mild) bei Kardinalfischen und Panzerwelsen! Inwieweit außer den farbaktiven roten Carotinoiden (Capsanthin, alpha-Carotin, Violaxanthin, Cryptoxanthin und Capsorubin) auch das zu 0,02-0,03 % enthaltene Antibiotikum Capsicidin, das Alkaloid Capsaicin oder die ätherischen Öle eine positive Wirkung auf die Fische ausüben, ist nicht geklärt. Mit Vorsicht genossen (im wahrsten Sinn des Wortes!) erscheint mir der Vorschlag jedoch durchaus interessant.
Auch Unterirdisches ist teils fischgeeignet:
Kartoffeln (ungekocht, geschält, gescheibt) und Knollen von Topinambur (roh, ungeschält, in Scheiben geschnitten) sind gutes Wels(vorrats)futter, da beide Sorten bis zu einer Woche im Wasser bleiben dürfen. Im Gegensatz zu der Stärke beinhaltenden Kartoffel liefert Topinambur (*Helianthus tuberosus*), auch - beides botanisch falsch - Erdbirne oder Jerusalemartischocke genannt, als Speicherkohlenhydrat das Inulin, ein enges Netzwerk des Fruchtzuckers Fructose.
Karotten, Möhren, gelbe Rüben sind Synonyme für Wurzeln, die sich nur zerkleinert (geraspelt oder in Scheiben) und gekocht an Fische verfüttern lassen. Einmal zubereitet, lassen sich größere Vorräte gut einfrieren.
Kohlrabiknollen als Übergang zurück zur Erdoberfläche werden roh in Scheiben von Fischen verzehrt, der Versuch, sie feingeraspelt oder leicht gekocht anzubieten, kann den Nutzerkreis sicher vergrößern.
Spinat kann frisch gebrüht oder von ganz Bequemen in der Tiefkühlvariante angeboten werden und für viel Gemüsesorten stehen Versuche noch aus. Als abgeschlossen dürfen solche für Erbsen und Rosenkohl gelten, die jedoch einer etwas aufwendigen Vorbearbeitung unterliegen:
TRAMM (DATZ 2/1992) kocht beide Gemüse in Halbliterportionen etwa 5 Minuten lang, ohne daß ein Zerfall auftreten darf, große Rosenköhlchen etwas länger. Abgießen in ein Sieb und abschrecken mit kaltem Wasser beenden die Prozedur für den nun fütterungsbereiten Rosenkohl, der auch portionsweise eingefroren werden kann. Mit den Erbsen geht es etwas weiter, da sie zunächst zu einschichtigen Platten in Beutel gebracht und tiefgefroren werden. So werden sie, nach Durchfrostung fest auf den Boden aufgeschlagen und derart getrennt, leicht übereinander einfrierbar und dennoch später einzeln entnehmbar. Das pfiffige Verfahren gipfelt jedoch in der Tatsache, daß die Schalen um jede einzelne Erbse als zu hart geltend entfernt werden müssen. Auftauen und jeden einzelnen "Erbsenkern" zwischen Daumen und Zeigefinger aus der Schale drücken heißt die Devise. Rationsvorschlag:
Pro 10 cm Ancistrus-Wels 5 Erbsen pro Tag!
Entscheidend ist anscheinend die optimale Kochdauer, weil zu harte Erbsen nicht gefressen werden, zu weiche jedoch das Wasser trüben.
Genauso verhält es sich auch mit Körnermais und der aus der Dose ist völlig ungeeignet als pflanzliche Zukost. Einige besonders feine und junge Tiefkühlerbsenqualitäten funktionieren übrigens auch ohne die aufwendige Entschälung. Und auch das Quetschen, An- oder Zerschneiden sind Möglichkeiten, den Erbseninhalt für Fische zugänglich zu machen. Sie fressen die Hülsenfrüchte (wer probiert Bohnen, Linsen & Co.?) aus ihrer Samenhülle heraus, die man danach allerdings absaugen muß.
Viele Fische raspeln Algen von Hölzern, dies war und ist immer wieder zu lesen und wurde ja oben schon bei der Algenfütterung erwähnt. Vielen Fischpflegern ist jedoch nicht klar, daß etliche Welse dabei jedoch wirklich Holz (Cellulose, Lignin) aufnehmen. Sie sind auf dieses Rohfaserregulativ unbedingt angewiesen. Wurzeln und Moorkienholz sind in diesen Aquarien nicht nur Dekorations- sondern auch Futtermittel.
LUTZ (DATZ 4/1993) beschreibt den Einsatz frisch geschnittener, entlaubter und geschälter Weidenzweige im Harnischwelsaquarium. Bis zu fingerdick beläßt er sie, in den Bodengrund gesteckt, ein halbes Jahr im Becken.

Aus der Gestaltung einer Fallaub-Zone im Aquarium ergab sich beim gleichen Autor die regelrechte Verfütterung von Eichenlaub. Panzer- und Antennenwelse fraßen die einige Zentimeter hohe Naturdekoration lang vor deren Zersetzung einfach auf! Eichenherbstlaub, das nicht umgehend verwendet wird, kann nach dem Sammeln schimmelvermeidend getrocknet werden. Überbrühen mit siedendem Wasser und das Einweichen in einem Eimer, bis das Laub absinkt, machen die trocken konservierten Eichenblätter wieder zu Futterzwecken einsatzbereit.

Sowohl Laub - auch andere gerbstoffreiche Arten könnten sich eignen - als auch geschälte Weidenzweige dürften sich auch tiefgekühlt aufbewahren lassen.

Pflanzen bieten aufgrund ihrer zahlreichen verschiedenen Inhaltsstoffe, die sowohl Nähr- als auch Wirkstoffcharakter haben, einen vortrefflichen Beitrag zu der stets geforderten Abwechslung in der Zierfischernährung. Die Idee, z.B. Vogelmiere oder Löwenzahn auch an Fische zu verfüttern, entstammt sicher den positiven Erfahrungen aus der Nutztierernährung, bzw. aus anderen Heim- und Hobbytierzuchten. Diese Ansätze sollten im Interesse weiterer vegetarischer Bereicherung der Fischspeisekarten konsequent weitergedacht werden. Klee, Luzerne und andere eiweißreiche Futterpflanzen für Fische, warum eigentlich nicht?

Auch hinsichtlich des Einsatzes diverser Obstsorten und Pilzarten in Aquarien und Gartenteichen steht ein weites Experimentierfeld offen.

Auch Futter kann krank machen

Praktisch alle Punkte zu diesem traurigen Kapitel der Fütterungspraxis sind bisher schon angesprochen worden, mal deutlich, mal zwischen den Zeilen. Abschließend seien die wesentlichen Krankmacher im Zusammenhang mit Ernährung nochmals zusammengefaßt. Unterernährung bei ausgewachsenen Fischen ist selten, bei Brut und Jungfischen kommt sie jedoch leider öfter vor. Häufiges Füttern in kleinen Portionen, ruhig 5-6 mal pro Tag, bei guter Wasserpflege ist zu empfehlen. Durch Energie- und Nährstoffmangel einmal gezeichnete Jungtiere können dies später praktisch nie mehr ausgleichen. Minderwuchs und schlechte Widerstandskraft, blasse Farben und untypisches Verhalten sind Langzeitschäden von Mangelerscheinungen. Die Überversorgung mit Verfettungsfolge durch ein regelmäßiges Zuviel an womöglich noch einseitiger Kost ist - negativ unterstützt durch Bewegungsmangel in zu kleinen Behältern - leider ein oft angetroffener Befund. UNTERGASSER (1989) dokumentierte gar bei mehr als zwei Dritteln aller untersuchter kranker Fische eine starke Verfettung von Leibeshöhle und Leber. Leberfunktionsstörungen begünstigen jedoch weitere Krankheitsbilder (Ausfallerscheinungen) und auch infektiöse Erkrankungen kommen bei geschwächten, fehlernährten Fischpatienten wegen der schlechteren Abwehrlage häufiger zum Tragen.

Faunivore Arten leiden unter zu hohen Kohlenhydratanteilen, wenn sie zuviel Trockenfutter erhalten. Die artgerechten Beutetiere sind vorbeugend zu reichen, da erst einmal träge umherschwimmende, nicht mehr fressende Fische kaum zu retten sind.

Zu leicht verdauliches Futter - hier sind eher herbi- und omnivore Fischarten angesprochen - ohne natürlichen Ballast zur Verwertungsregulation ergeben Magen- und Darmentzündungen. Hier können aber auch Vitaminmangel und verdorbenes, überlagertes Futter die Ursache sein. Achten Sie auf das Mindesthaltbarkeitsdatum! Wer gar verschimmelte Waren verfüttert, provoziert Vergiftungserscheinungen durch Pilzgifte (Aflatoxine). Entzündliche Erscheinungen im Verdauungstrakt rühren oft auch von nicht völlig aufgetautem Frostfutter her. Weniger allgemein zu fetthaltiges Futter als vielmehr die Verabreichung der falschen Futterfette ergibt Leber- und Nierenschäden, die nur am frisch toten Tier durch Sektionsbefund zu diagnostizieren sind. Fette von Säugetieren, etwa 20 % der Trockensubstanz von Rinderherz bestehen z.B. daraus, sind für Zierfische praktisch unverdaulich. Daher scheidet z.B. auch Käse trotz seiner wertvollen Proteinzusammensetzung als Ersatzkost für faunivore Fische weitgehend aus, auch wenn er hin und wieder empfohlen wird. Auch bei Fischen gilt, daß nicht alles, was ihnen schmeckt, ihrem Organismus auch zuträglich ist.

Erkrankungen durch Protein- und Jodmangel (die einzige dokumentierte Mineral-Unterversorgung) sind zum Glück selten, BAUER (1991) geht jedoch auch darauf ein, wobei wie bei fast allen ernährungsbedingten Krankheiten abwechslungsreiche, den natürlichen Bedürfnissen angepaßte Fütterung mit hochwertigen und einwandfreien Futtermitteln der verschiedensten Arten bei der Vorbeugung größte Bedeutung zukommt. Dies kann nicht oft genug betont werden. Gleiches gilt für die Warnung vor Infektionsgefahren durch Lebendfutter aus Gewässern mit Fischbesatz. Parasiten, die als Zwischenstadien in Nährtieren auf fischige End- oder Weiterbesiedlung warten, stehen dabei im Vordergrund. Aber auch Viren oder mikrobiologische Erreger (Bakterien, Pilze) können auf diese Weise in Aquarien und Gartenteiche eingeschleppt werden. Wen Details dazu und die Behandlungsmöglichkeiten interessieren, der lese die im Anhang genannten Bücher über Fischkrankheiten.

Laichansatz oder Verfettung? Durch Zuchtauswahl und starke Fütterung werden riesige Diskus herangezogen, die wegen ihrer imposanten Erscheinung sehr beliebt sind. Foto: bede

Potenielle Krankheitserreger sind prinzipiell in jedem Fischhaltungssystem vorhanden oder gelangen durch neuen Fisch- oder Pflanzenbesatz hinein. Allein die intern gegebene Abwehrlage noch gesunder Bewohner verhindert einen Ausbruch. Zwischen Erregern einerseits und den permanent angegriffenen Fischen andererseits stellt sich ein ausgewogenes Verhältnis ein. Je nach Besatz und Umgebungsbedingungen kann dies aber recht labil und damit störanfällig sein. Eine ausgewogene und vielseitige Ernährung unter Beherzigung aller hier gegebenen Tips hilft aber in jedem Fall, dieses sogenannte seuchenbiologische Gleichgewicht zu erhalten. Die Fütterungsmodalitäten sind ein ganz wichtiger Aspekt der Haltungsbedingungen und parallel zu optimaler Wasserpflege dürfen sie auch bei Fischen nie vernachlässigt werden.

ANHANG

Fischgruppe/Fischart	Deutscher Name	Ernährungstyp
	Salmler	
Anostomus anostomus	Prachtkopfsteher	L (F, O, H)
Aphyocharax anisitsi	Rotflossensalmler	O, F
Aphyocharax rathbuni	Rubinsalmler	F, O
Aphyocharax paraguayensis	Schwarzfleckensalmler	F, O
Arnoldichthys spilopterus	Arnolds Rotaugensalmler, Afrikanischer Großschuppensalmler	F, O
Carnegiella strigata	Marmorierter Beilbauchfisch	F
Characidium fasciatum	Bodensalmler	F
Copella arnoldi	Spritzsalmler	O, F
Gasteropelecus sternicla	Silberbeilbauchfisch	F
Gymnocorymbus ternetzi	Trauermantelsalmler, Schwarzer Tetra	O
Hasemania nana	Kupfersalmler	F, O
Hemigrammus bleheri	Rotkopfsalmler	O, H
Hemigrammus erythrozonus	Glühlichtsalmler	O, H
Hemigrammus pulcher	Karfunkelsalmler	O, H
Hemigrammus ocellifer	Schlußlichtsalmler	F, O
Hyphessobrycon bentosi bentosi	Schmucksalmler	F, O
Hyphessobrycon callistus	Blutsalmler	F, O
Hyphessobrycon erythrostigma	Fahnen-Kirschflecksalmler, Perezsalmler	F, O, H
Hyphessobrycon flammeus	Roter von Rio (Roter Tetra, Feuersalmler)	O
Hyphessobrycon herbertaxelrodi	Schwarzer Neon (Schwarzer Flaggensalmler)	F, O
Hyphessobrycon pulchripinnis	Zitronensalmler (Schönflossensalmler)	F, O
Inpaichthys kerri	Königssalmler	O
Megalamphodus megalopterus	Schwarzer Phantomsalmler	F, O
Megalamphodus sweglesi	Roter Phantomsalmler	F, O
Moenkhausia sanctaefilomenae	Rotaugen-Moenkhausia	O
Moenkhausia pittieri	Brillantsalmler	F, O
Nannostomus beckfordi	Längsband-Ziersalmler	F, O
Nematobrycon palmeri	Kaisertetra(Kaisersalmler)	F, O
Paracheirodon axelrodi	Roter Neon	F, O
Paracheirodon innesi	Neonfisch, Neonsalmler	F, L
Petitella georgiae	Rotmaulsalmler	F, O
Phenacogrammus interruptus	(Blauer) Kongosalmler	F, O
Prionobrama filigera	Rotflossen-Glassalmler	O

Fischgruppe/Fischart	Deutscher Name	Ernährungstyp
Pristella maxillaris	Sternfleckensalmler, Stieglitzsalmler, Wasserstieglitz	O
Thayeria boehlkei	Schrägschwimmer, Schwarzstreifensalmler	O, H
	Barben & Bärblinge	
Barbus(Puntius) conchonius	Prachtbarbe	O
Barbus (Puntius) fasciatus	Glühkohlenbarbe	O
Barbus(Puntius) nigrofasciatus	Purpurkopfbarbe	O
Barbus(Puntius) oligolepis	Eilandbarbe, Perlmuttbarbe	O
Barbus(Puntius) pentazona	Fünfgürtelbarbe	F
Barbus(Puntius) semifasciolatus schuberti	Brokatbarbe	O
Barbus(Puntius) tetrazona	Sumatrabarbe, Viergürtelbarbe	O
Barbus(Puntius) titteya	Bitterlingsbarbe	O
Brachydanio albolineatus	Schillerbärbling	F, O
Brachydanio frankei	Perl-, Tüpfel-, Leopardbärbling	O
Brachydanio rerio	Zebrabärbling	O
Danio aequipinnatus	Malabarbärbling, Malabarkärpfling	O
Rasbora borapetensis	Rotschwanzbärbling	F, O
Rasbora hengeli	Hengels Keilfleckbärbling	O
Rasbora heteromorpha	Keilfleckbärbling	O
Rasbora maculata	Zwergbärbling	O
Rasbora trilineata	Glasbärbling, Dreilinienbärbling	O
	sonstige Karpfenähnliche	
Crossocheilus siamensis	Siamesische Rüsselbarbe, Algenfresser	H, (F, O)
Epalzeorhynchus bicolor	Feuerschwanz, Feuerschwanz-Fransenlipper	F, O
Epalzeorhynchus frenatus	Grüner Fransenlipper	O
Gyrinocheilus aymonieri	Saugschmerle	H
Tanichthys albonubes	Kardinalfisch	O
	Schmerlen & Dorngrundeln	
Acanthophthalmus spec.	Dornaugen	F, O
Botia macracantha	Prachtschmerle	O
Botia morleti (Botia horae)	Horas Schmerle	F, O
Botia sidthimunki	Schachbrettschmerle	
	Zwergschmerle	F, O

Fischgruppe/Fischart	Deutscher Name	Ernährungstyp
	Welse	
Ancistrus spec.	Antennenwelse	H, O
Brochis splendens	Smaragd-Panzerwels, Grüner Panzerwels	O
Corydoras spec.	Panzerwelse	O (L)
Dianema longibarbis	Schwielenwels	O
Hypostomus punctatus	Punktierter Harnischwels	H
Kryptopterus bicirrhis	Indischer Glaswels	F, O
Otocinclus affinis	Kleiner Saugwels, Gestreifter Otocinclus	L, H
Peckoltia pulcher	Gebänderter Zwergschilderwels, Zierbinden-Harnischwels	L, H
Pimelodus pictus	Engel-Antennenwels	O
	Eierlegende Zahnkarpfen	
Aphyosemion australe	"Kap Lopez"	F, O
Aphyosemion gardneri	Gardners, Nigeria- oder stahlblauer Prachtkärpfling	F
Aplocheilus lineatus	Streifenhechtling, Piku	F
Aplocheilus panchax	Gemeiner Hechtling, Panchax	F
Epiplatys dageti	Querbandhechtling	F, O
Epiplatys sexfasciatus	Sechsbandhechtling	F
Jordanella floridae	Floridakärpfling	O
Oryzias spec.	Reisfische	F, O
	Lebendgebärende Zahnkarpfen	
Heterandria formosa	Zwergkärpfling	O
Poecilia reticulata	Guppy, Millionenfisch	O
Poecilia sphenops	Molly, Black Molly	O (H)
Poecilia velifera	Segelkärpfling	H (O)
Xiphophorus helleri	Schwertträger	F, O
Xiphophorus maculatus	Platy	O
Xiphophorus variatus	Papageienplaty	H, O
	Halbschnäbler	
Dermogenys spec.	Halbschnäbler	F
	Buntbarsche	
Aequidens curviceps	Tüpfelbuntbarsch	F, O
Aequidens portalegrensis	Streifenbuntbarsch	F
Aequidens pulcher	Blaupunktbuntbarsch	F
Anomalochromis thomasi	Thomas-Prachtbarsch, Afrikanischer Schmetterlingsbuntbarsch	F, O

Fischgruppe/Fischart	Deutscher Name	Ernährungstyp
Apistogramma agassizi	Agassiz-Zwergbuntbarsch	F, O
Apistogramma borellii	Gelber Zwergbuntbarsch	F
Apistogramma cacatuoides	Kakadu-Zwergbuntbarsch	F
Apistogramma macmasteri	Villavicencio-Zwergbuntbarsch	F
Aulonacara hansbaenschi	Kaiserbuntbarsch	F
Biotodoma cupido	Schwanzstreifenbuntbarsch	F
Cichlasoma (Thorichthys) meeki	Feuermaul-Buntbarsch	F, O
Cichlasoma nigrofasciatum	Zebrabuntbarsch, Grünflossenbuntbarsch	O
Cichlasoma septemfasciatum		O
Cyrtocara electra		O
Hemichromis bimaculatus	Roter Buntbarsch	F, O
Julidochromis marlieri	Schachbrett-Schlank-Cichlide	F, O
Julidochromis ornatus	Gestreifter oder Gelber Schlank-Cichlide	F, O
Laetacara (Aequidens) dorsigera	Rotbrustbuntbarsch	F, O
Lamprologus ocellatus	Schneckenbuntbarsch	F
Melanochromis auratus	Türkisgoldbarsch	L, O
Nannacara anomala	Gestreifter oder Glänzender Zwergbuntbarsch	F
Neolamprologus brichardi	Prinzessin von Burundi	F, O
Papiliochromis ramirezi	Schmetterlingsbuntbarsch	F, O
Pelvicachromis pulcher	Purpurprachtbuntbarsch,Königscichlide	F, O
Pelvicachromis subocellatus	Rotvioletter Prachtbarsch	F, O
Pelvicachromis taeniatus	Streifenpracht(bunt)-barsch,Smaragdpracht-(bunt)barsch	F, O
Pseudocrenilabrus multicolor	Kleiner Maulbrüter	F, O
Pseudotropheus lombardoi	Hellblauer Malawibarsch	L, O
Pseudotropheus zebra	Blauer Malawibuntbarsch	L, O
Pterophyllum scalare	Segelflosser,Skalar	F, O
Symphysodon aequifasciatus	Diskus, Diskusbuntbarsch	F
Tropheus duboisi	Weißpunkt-Brabantbuntbarsch	L, O

Fischgruppe/Fischart	Deutscher Name	Ernährungstyp
	Grundelähnliche	
Hemieleotris latifasciatus	Breitstreifengrundel	F
Oligolepis acutipennis	Drachenkopfgrundel	O
Tateurndina ocellicauda	Pastellgrundel	O
	Labyrinthfische	
Belontia signata	Ceylon-Makropode	O
Betta splendens	Siamesischer Kampf-fisch	F, O
Colisa fasciata	Gestreifter Fadenfisch	O
Colisa labiosa	Dick- oder Wulst-lippiger Fadenfisch	O
Colisa lalia	Zwergfadenfisch	O
Colisa sota (Colisa chuna)	Honigfadenfisch, Honiggurami	F, O
Helostoma temminckii	Küssender Gurami	O
Makropodus opercularis	Paradiesfisch, Makropode	O
Trichogaster leeri	Mosaikfadenfisch	O
Trichogaster trichopterus sumatranus	Blauer Fadenfisch	O

Fischgruppe/Fischart	Deutscher Name	Ernährungstyp
Trichopsis vittata	Knurrender Gurami	O
	Ähren- und Regenbogenfische	
Bedotia geayi	Madagaskar-Ährenfisch	F, O
Glossolepis incisus	Lachsroter Regen-bogenfisch	F
Iriatherina werneri	Werners Regenbogen-fisch	F, O
Melanotaenia boesemani	Ajamaru-Regenbogen-fisch, Bösemans Regen-bogenfisch	F, O
Melanotaenia macculochi	Zwergregenbogenfisch	F
Melanotaenia trifasciata	Juwelen-Regenbogen-fisch	F, O
Telmatherina ladigesi	Celebes-Sonnenstrahl-fisch	F, O

F = Faunivor (carnivor)
O = Omnivor
H = Herbivor
L = Limnivor

mehrere Buchstaben = Übergangsformen
Kombiniert nach mehreren Autoren

Futtermittel für Fische - Rohnährstoffdaten (in der Trockensubstanz) in %

Erläuterungen zu den folgenden Tabellen:
Die Rohnährstoffe und ihre Bedeutung wurden im Text erklärt;
Rp steht für Rohprotein, Rfe ist die Abkürzung für Rohfett, Rfa für Rohfaser und Ra für Rohasche. Frisch - lebend oder gefrostet - verfüttert enthalten die Futtermittel einen teils nicht unerheblichen Anteil an Wasser. Es enthält weder Nährstoffe noch Energie, und der Körper scheidet es aus oder entzieht es genauso, wie dies der Analytiker zur Gewinnung der Daten tut. Trockenfuttermittel sind ebenfalls sehr weitgehend (bis auf wenige bis max. 14 % Restfeuchte) wasserfrei, weshalb die Angaben aus Gründen der Vergleichbarkeit auf die Summe aller trockener Bestandteile (Trockensubstanz) bezogen werden. Addiert man die Zahlenwerte der hier erwähnten Daten, ergeben sich nie 100 %. Was in der Summe zu 100 % fehlt, sind neben der Restfeuchte die sogenannten Stickstofffreien Extraktstoffe oder NfE (Stickstoff chemisch: N), was überwiegend Kohlenhydrate u.ä. Zuckerverbindungen oder vergleichbare Molekülstrukturen meint. Sie werden - bei bekannter, d.h. durch Trocknung ermittelter - Restfeuchte auch in der offiziellen Lebens- und Futtermittelanalytik i. d. R. nicht bestimmt, sondern berechnet.
Ein "-" in der Tabelle bedeutet nicht etwa, daß der entsprechende Stoff nicht vorhanden wäre, sondern nur, daß hierzu keine Daten auffindbar waren.
Das (n) in der ersten Zeile der Tabelle hinter den Nährstoffabkürzungen steht für die Anzahl der entsprechenden Untersuchungen, aus denen der Wert gemittelt wurde und die innerhalb der eigentlichen Tabelle als Zahlenangabe in Klammern steht.

1. Krebstiere

Name des Futtermittels	Rp(n)	Rfe(n)	Rfa(n)	Ra(n)
Daphnien (Wasserflöhe, versch. Spezies)	48,7(24)	14,4(24)	6,4(22)	27,8(24)
Flohkrebse (*Gammaridae*)	38,7(34)	9,6(32)	7,3(29)	27,8(30)
Krill (*Euphausia*)	60,6(31)	13,7(15)	6,1(14)	14,9(22)
Sandgarnelen (*Mysis*)	71,5 (1)	8,3 (1)	4,5 (1)	12,O (1)
Salinenkrebschen (*Artemia*)	53,4 (3)	9,3 (3)	2,0 (2)	5,7 (3)
Klein-Zooplankton, gemischt (*Cyclops, Diaptomus*, Bosmiden, "Staubfutter")	58,4(20)	22,0(20)	7,0(18)	6,4(20)

2. Insekten

Name des Futtermittels	Rp(n)	Rfe(n)	Rfa(n)	Ra(n)
Rote Mückenlarven *(Chironomidae)*	54,9 (7)	9,2 (7)	4,3 (6)	11,5 (7)
Schwarze Mückenlarven (Div. Stechmückenarten)	55,9 (1)	19,6 (1)	4,9 (1)	8,8 (1)
Weiße Mückenlarven *(Chaoborus* bzw. *Corethra)*	60,8 (8)	17,0 (7)	5,3 (7)	7,1 (8)
Rückenschwimmer - Wasserwanzen *(Corixidae)*	60,4 (3)	25,8 (2)	12,0 (2)	3,7 (2)
Fliegenmaden	46,7 (8)	-	-	-
Fliegen *(Dipteren)*	53,8 (2)	-	-	-

3. Würmer

Name des Futtermittels	Rp(n)	Rfe(n)	Rfa(n)	Ra(n)
Mikro, Essigälchen (*Turbatrix, Anguillula*)	40,0 (1)	19,5 (1)	-	-
Regenwürmer *(Lumbricidae)*	64,4(14)	6,8(10)	3,4 (5)	8,9 (9)
Schlammröhrenwürmer, Tubifex *(Tubificidae)*	52,4 (4)	14,5 (4)	0,7 (4)	9,8 (4)

4. Sonstige Futtermittel				
Name des Futtermittels	**Rp(n)**	**Rfe(n)**	**Rfa(n)**	**Ra(n)**
Fische (Ganzkörper; kleine Beutefische)	59,7(32)	20,9(32)	-	13,5(32)
Garnelenfleisch	86,1 (2)	3,9 (2)	0,3 (1)	5,1 (2)
Miesmuschelfleisch	64,8 (2)	9,4 (4)	-	7,8 (2)
Rinderherz	70,8 (1)	20,8 (1)	-	4,6 (1)
Rinderleber	67,1 (2)	17,1 (2)	1,1 (2)	4,8 (2)

5. Rohnährstoffgehalte (in % der Trockensubstanz) von Trocken-Fertigfuttern ("Mischfuttermittel") verschiedener, im einzelnen nicht genannter Hersteller, zusammengestellt nach GROSSMANN.

Angegebener Einsatzzweck	Rp	Rfe	Rfa	Ra	Anzahl
Jungfische	48,4	8,5	1,9	12,5	4
Bodenfische	48,0	8,2	0,9	12,1	4
Goldfische	47,8	8,8	1,0	12,2	2
Diskusfische	61,4	8,1	1,5	11,2	4
Pflanzenkost	50,0	9,3	1,2	12,6	3
Süß- und Seewasser	48,5	9,4	1,2	12,9	3
Sonstige, allgemein (inkl. Farbfutter)	51,0	8,2	0,8	12,7	11

Für Aquarianer interessante Futtertierzuchten
Übersicht nach mehreren Autoren kombiniert, Einzelheiten siehe Spezialliteratur

Futtertier-Trivialname	Wissenschaftlich	Zuchtbedingungen		
		Temp °C	Substrat	Bemerkungen
Infusorien (Wimperntierchen)	Ciliaten	15-20	div. Aufgüsse	Bakterien als Nahrung
Kleinstzoo-plankton (Rädertierchen)	Rotatorien	20-26	Nährlösungen	Algen und Bakterien als Futtergrundlage
Mikro, Essig-älchen	*Turbatrix, Anguillula*	18-25	Säuernde Milch- und Mehlbreie	
Gemeine Enchyträe	*Enchytraeus albidus*	8-18	Erdgemisch	angereicherte Breie
Grindalwürmchen	*Enchytraeus buchholzi*	18-25	Erde oder Schaumstoff	angereicherte Breie
Regenwürmer div. Arten	*Lumbricidae*	12-20	Erde, Kompost	keine Staunässe
Wasser- und Landschnecken	div. Arten	div	Aquarien, Terrarien	siehe Spezialliteratur
Wasserflöhe	*Daphnia spec.*	bis 20	nährstoff-reiches Wasser	große Oberfläche
Salinenkrebschen (Nauplien)	*Artemia*	um 24	Salzlösung	Kurzkultur ohne Fütterung, versch. Methoden
Salinenkrebschen (erwachsene Tiere)	*Artemia*	20-28	Meerwasser	Aufzucht mit Algen, Kleinstlebewesen und Spezialfutter
Landasseln div. Arten		10-20	Erde und Laub	mit div. organischem Material, wenig produktiv
Springschwänze	*Collembolen*	20-28	Laub, Rinde, Torf	hohe Luftfeuchtigkeit

Futtertier-Trivialname	Wissenschaftlich	Zuchtbedingungen		
		Temp °C	Substrat	Bemerkungen
Schaben	div. Arten	23-30	Eierkartons auf Hobelspäne und Torf	Obst, Gemüse, Haferflocken, div. Heimtierfutter
Kleine Heuschrecken, Grillen, Heimchen	div. Arten	über 30	Sand, Sägespäne, Wellpappe, Eierkartons, Papprollen	Obst, Gemüse, Haferflocken, div. Heimtierfutter und Keimweizen
Mehlkäfer (frisch gehäutete Larven = Mehlwürmer)	*Tenebrio molitor*	28	Weizenkleie	Substrat anreichern mit Weizenmehl, Haferflocken, Soja, Hefe, sowie Frischfütterung
Getreideschimmelkäfer	*Alphitobius diaperinus*	26-28	Kleie-Haferflokkengemisch	div. Trockenfutter mit tierischem Eiweiß, frisches Obst und Gemüse
Speisebohnenkäfer	*Acanthoscelides obtectus*	25	vorgequollene Speisebohnen mit ca. 12% Feuchtigkeit	Luftfeuchtigkeit 50-70%
Fliegen	div. gr. Dipterenarten	um 25	versch. mehr oder weniger anrüchige Kulturmethoden	div. süße, angereicherte Breie
Tau-, Frucht- und Essigfligen	*Drosophila spec.*	20-25	versch. mehr oder weniger anrüchige Kulturmethoden	div. süße, angereicherte Breie
Motten (Larven und ausgewachsene Tiere)	div. Arten	27-30	sog. Haydakmedium	versch. Modifikationen des Nähr und Aufenthaltssubstrats
Futterfische, meist Lebendgebärende	div. Arten,	25	Wasser	Zuchtaquarien mit idealen Bedingungen

Foto: bede

LITERATURVERZEICHNIS

Bücher:

Baensch, Hans A. und Riehl, Rüdiger: Aquarienatlas Band 2. Mergus, 5. Aufl., Melle 1992.

Bauer, Roland: Erkrankungen der Aquarienfische. Paul Parey, Berlin und Hamburg 1991.

Bone, Q. und Marshall, N.B.. Biologie der Fische. Gustav Fischer, Stuttgart, New York 1985.

Degen, Bernd: Ratgeber - Diskuszucht, bede, Ruhmannsfelden, 1995

Dreyer, Stephan und Keppler, Rainer: Das Kosmos-Buch der Aquaristik. Franckh-Kosmos,Stuttgart 1993.

Franke, Wolfgang: Nutzpflanzenkunde. Thieme, Stuttgart, New York 1989.

Friederich, Ursel und Volland, Werner: Futtertierzucht. Ulmer, Stuttgart 1992.

Geyer, Hans: Praktische Futterkunde. Kernen, Stuttgart 1957.

Jahn, Johannes: Lebendfutter. Philler, Minden 1983.

Kleinsteuber, Erich und Fiedler, Gerhard: Futter für Terrarientiere. Neumann, Leipzig 1982.

Krause, Hanns-Jürgen: Handbuch Aquarienwasser. bede, Kollnburg 1990.

Meyer, Helmut und Heckötter, Elke: Futterwerttabellen für Hunde und Katzen.
Schlütersche, Hannover 1986.

Riehl, Rüdiger und Baensch, Hans A.: Aquarienatlas Band 1. Mergus, 9. Aufl., Melle 1992.
Aquarienatlas Band 3. Mergus, Melle 1990.

Roberts, R.J. und Schlotfeld, H.J.: Grundlagen der Fischpathologie. Paul Parey, Hamburg 1985.

Schubert, Gottfried und Untergasser, Dieter: Krankheiten der Fische. Franckh-Kosmos, Stuttgart 1991.

Sommer, Wolfgang: Nachwuchs im Aquarium. Franckh-Kosmos, Stuttgart 1990.

Steffens, Werner: Grundlagen der Fischernährung. Fischer, Jena 1985.

Sterba, Günther, Hrsg.: Enzyklopädie der Aquaristik und speziellen Ichthyologie.
Neudamm, Melsungen 1978.

Untergasser, Dieter: Krankheiten der Aquarienfische. Franckh-Kosmos, Stuttgart 1989

Untergasser, Dieter: Gesunde Diskus und andere Großcichliden, Band I und II, bede, Ruhmannsfelden 1995

Zimmermann, Helmut: Futtertiere von A-Z. Franckh-Kosmos, Stuttgart 1982.

Zoll, Max Alfred, Hrsg.: Das Neue Heimtierlexikon. Ehrenwirth, München 1971.

Zeitschriften:

Aquaristik aktuell, Karl-Heinz Dähne Verlag, Ettlingen.

Aquarium Heute, Aquadocumenta Verlag, Bielefeld.

das Aquarium, Schmettkamp Verlag, Bornheim.

DATZ, Ulmer Verlag, Stuttgart.

Diskusjahrbuch, bede Verlag, Ruhmannsfelden

TI international, Tetra-Verlag, Melle.

pet Euro-Fachmagazin, Dähne-Verlag, Ettlingen.

Sonstiges Informationsmaterial:

Großmann, Herbert: Erhebungen über die Zusammensetzung von handelsüblichen Zierfischfuttermitteln. Inaugural-Dissertation, Hannover 1993.

IAMS-Mitteilungen der Ernährungsforschungen: IAMS-News, über: Fa. Grönemeyer SpezialTierkost, Bad Oeynhausen 1994.

Keppler, Rainer: Was - Wie - Warum? Richtige Ernährung von Aquarienfischen. Fa. JBL, Neuhofen 1992.

Stute, E.: Zuchtempfehlungen für Futtertierzuchten. Bielefeld.

Tierschutzgesetz
Futtermittelgesetz
12. Verordnung zur Änderung der Futtermittelverordnung,
3. März 1994, Bundesgesetzblatt 1994, Teil I.

Sonderheft der Zeitschrift Blinker: Köder.

DLG-Futterwerttabellen, DLG-Verlag, Frankfurt.

Proceedings of a World Symposium on Finfish Nutrition and Fishfeed Technology, Hamburg 20-23 June, 1978, Vol. I. Berlin 1979

Neben den genannten Unterlagen der Firma JBL, Neuhofen, haben folgende weitere Hersteller von Zierfischfuttermitteln ihre öffentlich zugänglichen Produktinformationen auf Anfrage zur Verfügung gestellt: Tetra, Weltweit, Sera, Mieling, Fumigro, E. Etzbach, Dupla, Aqualine Buschke, Dennerle, Schulte